KB045053

읽자마자
수학 과학에 써먹는
단위 기호 사전

읽자마자
수학 과학에
써먹는
단위 기호
사전

이토 유키오 · 산가와 하루미 지음

김소영 옮김

과학과 수학의 기초를 다지는 200가지 단위 이야기

수업에서 매일 써먹는 길이 · 무게 · 온도 · 넓이 · 시간 · 에너지

보누스

과학과 수학, 일상생활에도 유용한
단위의 지식

단위란 무엇일까요? 우리는 일상생활을 하면서 수많은 단위를 마주합니다. 몸무게를 재거나 속도를 측정할 때 kg이나 km/h 같은 단위를 씁니다. 이런 단위는 많이 봤을 겁니다. 이처럼 어떤 단위는 매우 친근해서 정확한 의미를 모르더라도 직관적으로 이해하고 사용하기도 합니다. 그러다 rad(라드), Sv(시버트)처럼 익숙하지 않은 단위를 만나면 '이 단위는 무얼 뜻하는 걸까?' 하고 의문을 품게 되죠.

우리 주변의 세상을 탐구하려면 측정이라는 행위를 해야 합니다. 예를 들어 어떤 물체의 정체를 알아내려면 해당 물체의 크기나 온도, 경도(딱딱한 정도) 등을 측정합니다. 이때 여러 단위를 이용합니다. 크기를 잴 때는 m라는 단위를, 온도를 잴 때는 ℃라는 단위를 쓰는 것이죠. 측정 행위에 쓰는 여러 단위는 과학과 수학에서도 곧잘 보입니다. 일상생활뿐만 아니라 여러 학문에서도 유용하게 쓰이는 것이 바로 단위라는 녀석입니다.

단위를 모르면 학문 분야는 물론이고 일상생활을 하는 데에도 어려움이 따릅니다. 단위가 뜻하는 바를 몰라서 무게나 시간을 정확히 알지 못한다면 일상생활이 제대로 될 리 없겠죠. 엄밀하게 정의된 물리량이나 개념을 다루는 과학과 수학에서는 말할 것도 없습니다.

단위를 알면 세상이 이해됩니다. '단위란 무엇인가?' '이 단위에 어떤 의미가 있는가?'와 같은 의문을 시발점으로 삼아, 관련 내용을 찾고 정리해 이 책에 담았습니다. 누구라도 쉽고 재미있게 단위의 지식을 이해하고, 활용하기를 바라는 마음입니다.

숫자를 다루는 일에 익숙하지 않아도 책 내용을 이해할 수 있도록 학술적인 설명은 필요한 만큼만 했습니다. 단위가 우리 생활에 어떤 식으로 연관되는지를 설명해서 일단 단위라는 세계와 친숙해지도록 책을 구성했습니다. 따라서 '역시 이과는 어려워' 하고 생각하는 사람도 읽기 쉽게 책을 완성했다고 자부합니다. 이 책을 읽고 물리나 화학 등에 흥미가 생기길 바랍니다.(물론 경제나 역사, 문화를 이해하는 데도 단위는 필요합니다.)

앞서 우리는 일상생활에서 여러 단위를 접한다고 말했습니다. 여러분은 단위라는 말을 들으면 무엇이 떠오르나요? 이동하는 중에 확인했던 km인가요? 아니면 체중을 잴 때 봤던 kg인가요? 혹은 요리 레시피에서 봤던 mL인가요? 아마 성적표를 떠올리는 이도 있을 겁니다.

단위에는 수없이 많은 종류가 있지만, 이 책에서는 그중에서 약 200개를 다룹니다. 이 단위들은 다양한 시대와 지역에서 생겨나 통일되기도 하고 조합되기도 했습니다. 단위는 인류 역사를 통틀어 위대한 발명 중 하나라고 할 수 있을 것입니다.

많은 단위가 인간의 몸이나 생활용품, 태양 등 매우 친근한 것을 기준으로 만들어졌습니다. 어떤 단위는 지역 특성이나 국민성이 반영되어 흥미롭게 느껴지기도 할 것입니다. 예를 들어 ft(피트) 같은 단위는 사람의 신체 부위, 즉 발을 기준으로 만든 길이 단위인데 미터법이 국제기준이 되었음에도 미국에서는 문화적인 이유로 여전히 널리 쓰입니다.

이 책은 2008년에 나온 《알아두고 싶은 단위 지식 200》을 개정한 것입니다. 첫 책이 나온 지 꽤 시간이 흘렀기에 변화한 시대상이나 사실을 반영했습니다. 예를 들어 국제 킬로그램의 정의가 130년 만에 바뀐 점을 언급했으며, 그 밖에도 단위와 얽힌 많은 에피소드를 책에서 소개했습니다. 그뿐만 아니라 모든 내용을 꼼꼼히 살펴 오해를 부를 만한 부분은 다시 썼습니다.

단위와 관련한 지식을 얻었다고 해서 시험 점수가 눈에 띄게 오르거나 경제적인 이익을 얻는 일은 별로 없을지도 모릅니다. 그러나 단위는 우리가 살아가는 데 필요한 기초 교양입니다. 과학과 수학, 경제 등 다양한 학문을 공부하는 기반이며, 나아가 일상생활을 지혜롭게 영위하는 데 도움을 줍니다. 물론 순수한 지적 호기심을 자극하고, 즐거움을 안겨줄 수도 있을 것입니다. 여러분이 어떤 상황에 있든지 이 책이 그에 맞는 도움을 주기를 바랍니다.

마지막으로 이 자리를 빌려 독자 여러분과 이 책의 출간을 위해 애쓴 모든 분에게 감사의 말씀을 드립니다. 모든 분의 도움이 없었다면 이 책은 세상에 나오지 못했을 것입니다.

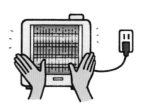

제1장

단위란 무엇일까?

이 책에서는 다양한 단위를 다룹니다.
단위는 우리 일상에 녹아 있기에
'대체 단위란 무엇일까?' 하고 생각할 일이
좀처럼 없지요. 우선 단위란 무엇인가에 대해
생각해보도록 하겠습니다.

세상을 이해하는 도구, 단위

단위가 있으므로 공유할 수 있는 기준

우리 주변에는 늘 단위라는 것이 존재했습니다. 너무나 친숙해서 우리는 무의식중에 단위를 활용해왔습니다. 따라서 단위를 쓰지 않고는 누군가에게 크기나 길이, 거리, 무게, 농도 등을 전달하거나 반대로 보고 들은 것을 정확히 이해하기가 매우 어렵습니다.

요리책이나 요리 사이트(요리 앱)에서는 재료나 조미료를 얼마나 넣어야 하는지 표기합니다. 이는 맛있는 요리를 만들려면 반드시 필요한 요소입니다. '소금과 후추로 맛을 낸다.'라는 추상적인 표현도 분명히 있지만, 만약 단위가 없었더라면 요리 지식이 없는 사람은 요리를 망칠 수도 있습니다. 이렇게 주변에서 흔히 볼 수 있는 예를 들었는데, 곰곰이 생각해보면 단위란 사회에서 안전성을 확보하거나 안심하고 생활하기 위해 반드시 필요하다는 사실을 알 수 있습니다. 1kg이라고 하면 세계 어디에서든 같은 무게입니다. 만약 무게가 나라마다 다르다면 거래를 할 때마다 환산해야 하기 때문에 상당히 불편합니다.

단위 중에는 돈의 가치를 나타내는 단위도 있는데, 이 단위만큼은 경제와 밀접해서인지 아직도 통일되지 않고 환율에 따라 환산합니다. 그 밖에 같은 단위라도 나라마다 기준이 다른 단위, 그 단위가 사용되는 장소에 따라 기준이 달라지는 단위도 있는데, 이 책에서 찬찬히 밝혀보겠습니다. 우선 단위가 '사물을 정확히 계측하고 비교하기 위한 것이며 비교 대상에 따라 다양하게 존재한다.'라는 사실을 기억해두기 바랍니다.

▶ 만약 요리 설명에 단위를 쓰지 못한다면

셀 수 있는 양과 셀 수 없는 양

이산량과 연속량의 차이

앞서 설명했듯이 단위란 수나 분량을 나타내는 지표가 되기 때문에 세서 사용한다는 뜻이 됩니다. 대상이 되는 길이나 양을 나타낼 때 편리한 도구가 바로 단위라는 것이지요. 그러나 길이나 양에는 셀 수 있는 것과 셀 수 없는 것이 존재합니다.

우선 우리 주변에서 볼 수 있는 인원수, 볼펜 수, 집 개수 등을 생각해볼까요? 이들은 셀 수 있으므로 각각 '명' '자루' '채'라는 단위로 나타낼 수 있습니다. 이렇게 셀 수 있으며 많은지 적은지 비교할 수 있는 것을 이산량 또는 분리량이라고 합니다.

이와 반대로 '셀 수 없는 양'이라는 것도 존재합니다. 기체의 양이나 강수량, 호수나 늪지대의 수량 등이지요. 기체는 스쿠버다이빙을 할 때 쓰는 봄베 같은 일정한 용기에 넣어서 그 안에 포함된 물질의 질량이나 밀도를 비교합니다. 강수량은 일정한 조건에 맞춰 만든 용기를 여러 지역에 설치하고, 그 용기에 채워진 물의 양을 측정해서 비교합니다. 그러나 이 측정이 완전히 정확하다고는 할 수 없습니다.

기체나 액체 외에도 설탕이나 소금, 밀가루 등의 알갱이 하나하나를 세기란 하늘의 별 따기지요. 이러한 것을 연속량이라고 합니다. 연속량을 비교하려면, 예를 들어 액체를 용기에 담아 기준이 되는 양을 설정합니다. 여기에 단위가 되는 이름을 붙이고, 그 용기가 몇 개 있는지 나타내서 분량을 알아내거나 비교하는 것입니다.

▶ 셀 수 있는 이산량(분리량)

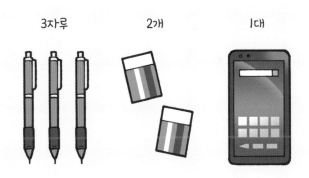

3자루   2개   1대

3자루와 2개와 1대, 셀 수 있는 '이산량'

▶ 셀 수 없는 연속량

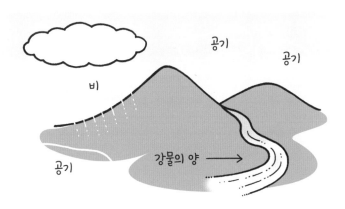

공기

공기

비

공기

강물의 양 →

강수량이나 강물의 양, 공기는 셀 수 없는 '연속량'

셀 수 없는 단위는 어떻게 다룰까?

외연량과 내포량

앞에서 양에는 셀 수 있는 것과 셀 수 없는 것이 있다고 설명했습니다. 이 가운데 '셀 수 없는 것'(연속량)은 외연량과 내포량으로 분류됩니다. 글자만 보면 무척 어려워 보이는데, 사실 그렇지 않습니다.

외연량이란 요컨대 '덧셈을 할 수 있는 양'입니다. 예를 들자면 길이(거리), 무게, 시간, 면적, 부피 등입니다. 이들은 모두 2개 이상을 더할 수 있고, 더하면 전체의 크기나 넓이, 길이를 알 수 있습니다. 이름 그대로 '바깥쪽(외)으로 뻗어가는 것'(연장되는 것)이기 때문에 덧셈이 가능한 것이지요.

한편 내포량이란 '덧셈을 할 수 없는 것'으로 온도나 밀도, 속도, 농도 등이 이에 해당합니다. 예를 들어 '이틀간의 기온 27℃와 28℃를 더하면 기온 55℃'라는 계산은 가능하지만, 의미가 없지요. 내포량이란 말하자면 얼마나 센지를 나타내기 때문에 덧셈으로 그 정도를 나타내기란 적절하지 않습니다. 내포량은 대부분 두 외연량을 곱하거나 나눠서 얻을 수 있습니다. 예를 들어 거리를 시간으로 나누면 속도를 얻을 수 있고, 무게를 부피로 나누면 밀도가 나옵니다. 이처럼 사물이나 운동에 포함되어 있으며, 그곳에서 분량을 이끌어내기 때문에 내포량이라고 부르는 것입니다.

앞에서 소개했던 이산량과 연속량, 이번에 살펴본 외연량과 내포량이란 초등 수학을 가르칠 때 널리 쓰는 양의 개념입니다. 다만, 이 개념은 여러 분류 방법 중 하나일 뿐이며 모든 것을 명확하게 분류할 수는 없다고 합니다. 그저 '이런 식으로도 분류할 수 있구나.'라고 이해하면 됩니다.

▶ 덧셈의 외연량

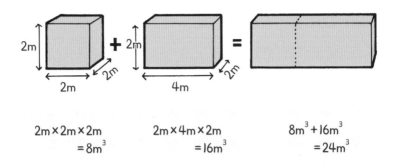

$2m \times 2m \times 2m$ $2m \times 4m \times 2m$ $8m^3 + 16m^3$
$= 8m^3$ $= 16m^3$ $= 24m^3$

부피의 단위(m^3, 세제곱미터)는 덧셈을 할 수 있으니 '외연량'

▶ 곱셈, 뺄셈의 내포량

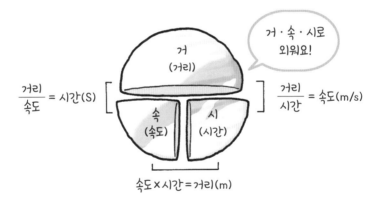

거 · 속 · 시로
외워요!

$\dfrac{거리}{속도} = 시간(S)$ $\dfrac{거리}{시간} = 속도(m/s)$

속도 × 시간 = 거리(m)

속도의 단위는 거리와 시간의 나눗셈으로 구할 수 있기에 '내포량'

단위라고 해서 모두 비교할 수 없다?

개별단위와 보편단위

단위란 '재료가 되는 것을 정한 후 그것이 어느 정도 있는가'를 누구나 아는 기준으로 만드는 것이 기본입니다. 그렇게 하면 여러 사물을 객관적인 기준으로 측정할 수 있습니다.

건물을 빌릴 때, 대개 가장 가까운 역에서 거리가 얼마나 되는지를 따집니다. 이것이 중요한 가치 기준 중 하나이기 때문입니다. 부동산 중개업소가 ○○역에서 도보 ○분 걸린다고 선전했는데, 실제로 걸어보면 시간이 더 많이 걸리는 경우가 허다합니다. 이는 걷는 속도가 사람마다 다르다는 이유도 있겠지만, 그렇다고 해서 부동산 중개업소에서 근무하는 사람의 걷는 속도가 빠르기 때문은 아닙니다. 보통 도보 1분을 60~70m 정도로 보고, 이 기준으로 여러 건물을 비교합니다.

그럼 왜 선전과 달리 실제 소요 시간이 더 걸리는 걸까요? 역에서 건물로 가는 중간에 있는 계단이나 언덕, 신호를 기다리는 시간은 포함하지 않았기 때문입니다. 이러니 실제 소요 시간과 차이가 생길 수밖에 없죠. 이처럼 기준이 일정하다고 할 수 없어서 직접 비교할 수 없는 단위를 개별단위라고 합니다.

이와 반대로 고속도로를 시속 80km로 주행하는 경우, 자동차 회사나 차종과 상관없이 1시간 후에는 80km 지점에 도달할 수 있습니다. 이를 나타내려면 'km/h'라는 단위를 사용하는데, 이렇게 직접 비교할 수 있는 단위를 보편단위라고 합니다.

농수산물의 무게를 잴 때 쓰는 근(斤)이라는 단위가 있습니다. 한약재나 고기의 무게를 잴 때는 600g에 해당하고, 과일이나 채소의 무게를 잴 때는 375g에 해당합니다. 즉 같은 1근이라도 각각 무게가 다르기에 보편단위라고 보기에는 살짝 모호합니다. 다만 양의 종류를 특정하면 보편단위라고 할 수 있을 듯합니다.

▶ 비교할 수 없는 개별단위

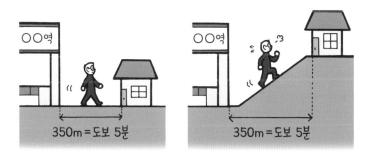

이런 경우, 같은 조건으로 서로 비교하기란 어렵다.

▶ 비교할 수 있는 보편단위

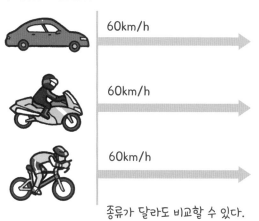

종류가 달라도 비교할 수 있다.

세상 사람 모두가 쓰는 단위가 있을까?

단위계와 단위의 역사

단위는 여러 사물을 비교하기 위해 존재합니다. 따라서 누구라도 같은 것으로 인식해서 사용할 수 있어야 합니다. 이 같은 이유로 1791년 프랑스에서 미터법이 탄생했습니다. 지구의 북극점부터 적도까지의 거리를 잰 후, 그 거리의 1천만 분의 1을 m(미터)라는 길이 단위로 결정한 것입니다. 국제단위로 만들려면 각국의 기후나 문화 등에 영향을 받지 않아야 하기에 북극점에서 적도까지의 거리를 기준으로 삼았습니다.

길이 단위로 m를 사용하면서 넓이 단위로는 '평'을 쓰듯이 공통성이 없는 단위를 섞어서 쓰면 환산이 필요하기 때문에 아주 번거롭습니다. 그래서 넓이 단위로는 m^2(제곱미터), 부피 단위로는 m^3(세제곱미터)를 써서 일관성을 유지했습니다. 이렇게 일관성 있는 단위의 묶음을 단위계라고 부릅니다.

프랑스에 이어 독일이나 영국(스코틀랜드)에서도 이러한 움직임이 시작되었고, cm(센티미터), g(그램), s(초)를 기본단위로 하는 'CGS 단위계'(CGS 전자기 단위계/CGS 정전기 단위계/일반 CGS 단위계), m, kg(킬로그램), s를 기준으로 한 'MKS 단위계'를 비롯해 많은 단위계가 생겨났습니다. 그러나 각각 공통성이 없었기에 여러모로 곤란한 일이 생겼습니다.

그래서 1954년 제10회 국제도량형총회(CGPM)에서 MKSA 단위계를 바탕으로 국제단위계(SI)를 결정했고, 이것이 현재 국제단위의 기준이 되었습니다. 아직도 미터법을 채택하지 않은 나라가 있습니다. 바로 미국, 라

이베리아, 미얀마입니다. 미국은 1875년에 미터협약을 체결했지만, 지금
도 야드 파운드법을 일반적으로 사용하고 있습니다.

▶ 단위의 역사

연도	세계의 역사	한국의 역사
1791년	프랑스에서 미터법을 제정하다.	
1875년	5월 20일에 17개국이 참가한 국제회의에서 미터법 통일을 결의하다.(미터협약 체결)	
1885년		
1889년	제1회 국제도량형총회가 개최되어 미터와 킬로그램의 국제원기를 승인하다.	
1902년		미터법을 처음 도입하다.
1946년	국제도량형위원회에서 MKS 단위계에 A(암페어)를 추가한 MKSA 단위계를 승인하다.	
1948년	제9회 국제도량형총회에서 국제단위계(SI)를 제기하다.	
1954년	제10회 국제도량형총회에서 길이, 질량, 시간, 전류, 열역학 온도 및 광도의 단위를 실용 단위계의 기본단위로 채용하다.	
1960년	제11회 국제도량형총회에서 1954년에 채용된 기본단위를 국제단위계라는 명칭으로 부르기로 결의하다.	
1961년		계량법을 제정해서 미터법을 법정단위로 지정하다.
1971년	제14회 국제도량형총회에서 물질량의 기본단위 mol(몰)을 추가하다.	
1978년		국제법정계량기구 정회원국으로 가입하다.
1983년		건축물대장과 토지대장에서 '평' 단위 사용을 금지하다.
2009년		비법정단위를 사용한 법령과 조례를 개정하고 2010년부터 과태료를 부과하다.

• SI는 프랑스어 표기인 'Systèe International d'Unitès'의 약자. 프랑스어로는 '에스이'라는 발음이
되지만, 일반적으로 영어 발음을 토대로 '에스아이'라고 부른다.

합체하는 단위도 있다

조립단위와 기본단위

단위는 비교하는 대상에 맞게 사용해야 합니다. '1개, 2개'는 평소에 자주 쓰는 단위인데, 젓가락 같은 것을 셀 때는 한 쌍인지 한 개인지 헷갈리기도 합니다. 이때 '매'라는 단위를 사용하면 2개인지, 아니면 한 쌍인지 판단이 금방 서지요. 물론 단위가 많다고 좋은 것은 아닙니다. 단위의 개수가 늘어나면 각 단위를 바르게 이해해 적재적소에 사용하기가 힘들어집니다. 그래서 한두 개의 단어를 응용해서 다른 의미의 단위를 만들었습니다. 이를 조립단위라고 부릅니다.

국제단위계에는 기본단위라고 해서 단위의 중심이 되는 것이 정해져 있습니다. 기본단위는 m(미터), kg(킬로그램), s(초), A(암페어), K(켈빈), mol(몰), cd(칸델라)로 7가지입니다.

이 중에서 가장 친숙한 m에 대해 생각해볼까요? 혼자 쓰일 때는 길이를 나타내지만 세로 길이와 가로 길이를 조립하면 넓이 단위, 여기에 높이를 추가로 조립하면 부피 단위를 만들 수 있습니다.

복잡한 것을 단위로 나타내면 표기도 복잡해집니다. 하지만 걱정할 필요 없습니다. 표기가 복잡해질 때는 간단하게 나타낼 수 있는 단위로 대체할 수 있습니다. 예를 들어 일의 양(에너지)을 나타내는 단위를 SI의 기본단위로 표시하면 $m^2 kg \, s^{-2}$가 되어 아주 복잡해지지만, 이를 Nm(뉴턴미터)로 표현할 수도 있고(154쪽 참고) 더 간단하게 J(줄)로 나타낼 수도 있습니다.(112쪽 참고)

단위를 조립해 다른 단위를 만들 수 있다

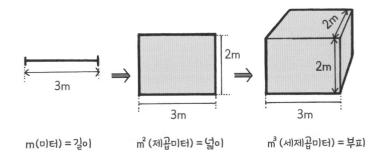

m(미터) = 길이   m² (제곱미터) = 넓이   m³ (세제곱미터) = 부피)

국제단위계의 7가지 기본단위

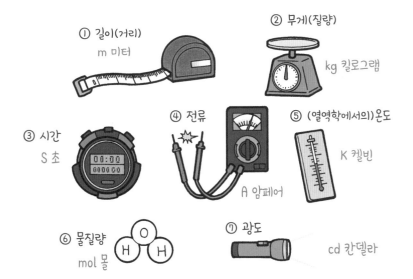

① 길이(거리)
m 미터

② 무게(질량)
kg 킬로그램

③ 시간
S 초

④ 전류
A 암페어

⑤ (열역학에서의)온도
K 켈빈

⑥ 물질량
mol 몰

⑦ 광도
cd 칸델라

단위의 약속
기호를 바르게 나타내는 법

단위를 표기할 때도 공통성이 필요합니다. 이 장 처음에 언급했듯이 우리는 무의식중에 단위를 활용하고 있으며, 단위를 표기할 때 특별히 주의를 기울이는 일은 드뭅니다. 그러나 단위를 올바르게 사용하려면 표기에도 신경을 써야 합니다.

예를 들어 일반적으로 널리 사용되는 단위인 m는 알파벳 소문자, 그리고 로만체로 기술해야 합니다. 같은 로만체라도 대문자로 M을 쓰면 '메가'라는 접두사(191쪽 참고)가 되고, 소문자여도 이탤릭체로 m이라고 쓰면 질량을 나타내는 기호가 됩니다.

단, 용량을 나타내는 '리터'는 'l'(알파벳 L의 소문자)이지만 숫자 1이나 알파벳 대문자 I와 혼동되기 때문인지 대문자로 표기해도 좋고, 오히려 대문자 사용을 권장하기 때문에 편의에 맞게 쓴다는 이미지도 있습니다. 실제로 예전에는 이탤릭체인 ℓ이나 l이 쓰였지만, 현재는 권장하지 않는 경우가 많아서 L를 주로 사용하고 있습니다.

인명에서 따온 단위를 기호로 표기할 때는 반드시 알파벳 대문자를 사용합니다. 반대로 정식 명칭으로 기술할 때는 모두 소문자를 사용합니다. 뉴턴이라는 이름은 단위로도 사용하는데(154쪽 참고), 이때 기호로는 N, 정규 알파벳으로는 newton이라고 씁니다.

여기에서도 예외가 있습니다. 인명인 옴의 알파벳은 ohm이며 기호로는 O를 써야 할 것 같은데, 관습적으로 Ω(오메가)를 사용합니다. 그리고 단위라기보다는 척도지만, 지진의 에너지 규모를 나타내는 매그니튜드에도 의외의 법칙이 있습니다. 일반적으로 M이라고 써야 할 것 같지만, 이탤릭체로 M이라고 써야 합니다.

▶ 단위의 기술 방법

m(미터) = 길이를 나타내는 SI 기본단위

M(메가) = 10^6을 나타내는 접두사

m(엠) = '질량'을 나타내는 기호

M(매그니튜드) = 지진의 에너지 규모를 나타내는 값(단위가 아님)

똑바로 써야겠지요?

단위 법칙 '계량법'

이 땅에 미터법이 처음 도입된 시기는 대한제국 시절입니다. 1902년 고종 황제는 궁내부(宮內府)에 '평식원'(平式院)이라는 관청을 설치하고, 도량형 업무를 맡겼습니다. 평식원은 도량형 제도를 법제화하는 업무를 진행했는데, 특히 '결부속파법'(우리나라 고유의 단위)에 미터법을 적용했다는 점이 눈에 띕니다. 예를 들어 1줌(把)은 1m², 1단(束)은 10m², 1짐(負)은 100m², 1목(結)은 10,000m²로 정했습니다. 1905년에는 이런 내용의 도량형 규칙들이 대한제국 법률 1호가 되기도 했습니다.

1959년 대한민국은 미터협약에 가입했고, 1961년에는 국제단위계를 사용하도록 규정한 계량법(계량에 관한 법률)을 제정했습니다. 1963년에는 국제단위계를 법정단위로 지정했으며, 1983년에는 건물과 토지를 거래할 때 '평' 단위를 쓰지 못하게 했습니다. 물론 이후에도 돈, 근 같은 비법정단위가 일상에서 계속 쓰이긴 했습니다. 사람들이 익숙하게 쓰던 단위를 버리지 않았기 때문입니다. 법정단위가 사람들에게는 오히려 불편했던 것이죠.

그러다 2007년에 비법정단위의 사용을 완전히 금지했고, 2009년에는 비법정단위를 쓴 법령과 조례 등을 개정했으며, 2010년부터는 일간지 광고 등에 비법정단위를 쓰면 과태료를 부과했습니다. 법정단위가 아닌 비법정단위를 거래나 증명 행위에 사용할 계량 또는 광고나 측정에 사용하면 100만 원 이하의 과태료 처분을 받습니다. 법정단위를 도입하려는 정부의 이 같은 노력으로, 이제는 넓이나 무게를 나타낼 때 대부분 m²나 kg을 씁니다.

제2장

단위는 어디에서
왔을까?

우리 생활에 없어서는 안 될 단위는
대체 어떻게 생겨났을까요?
단위의 시초와 역사에 대해 알아봅니다.

모든 사람에게 필요해서 생긴 단위

도량형의 탄생

먼 옛날, 인간은 수렵 생활을 하며 살았습니다. 처음에는 감에 의손하며 사냥하다가 어느 날 동물이 정해진 시기에 이동한다는 사실을 알게 됐습니다. 구석기시대에 살았던 인간은 이미 동물이 이동하는 습성을 이용해 사냥을 했다고 합니다. 이때 그들은 동물이 이동하는 시기를 알기 위해 달이 차고 이지러지는 모습이나 태양의 움직임으로 낮과 밤을 헤아려야 하지 않았을까요? 그리고 잡은 먹이를 서로 나누거나 분배할 때도 수를 셀 필요가 있었을 것입니다. 이처럼 의사소통에 필요한 말 외에 수를 센다는 행위도 생겨났습니다.

이윽고 지구 온난화가 시작되자, 수렵 유목민이던 인류는 정해진 땅에 살며 농경과 목축을 시작했습니다. 처음에는 땅에 구멍을 파서 기둥 하나를 세우고, 그 위에 갈대나 억새로 지붕을 만들어 덮은 산 모양의 집에서 살았지만, 이내 기둥을 일정한 간격으로 배치하면 비바람에 강해진다는 사실을 깨달았습니다. 기둥 사이의 길이를 재면서 길이의 단위가 생겼다고 합니다.

더 효율적으로 농경과 목축을 하려고 공동 작업을 하기도 했습니다. 재배 장소를 할당해서 땅의 넓이마다 수확 배분을 정하려면 당연히 넓이를 재야 합니다. 처음에는 경작지 주변을 걸어가면서 넓이를 잰 듯합니다. 점점 군락이 형성되면서 다른 군락과 교류도 있었겠지요. 물물교환을 하려면 역시 어떠한 기준이 필요합니다.

이처럼 긴지 짧은지, 큰지 작은지, 무거운지 가벼운지 등을 비교하고 수치로 나타내서 기준으로 만든 것이 단위의 시초였습니다. 그리고 길이, 용적, 무게는 도량형이라는 말의 기초가 되었습니다. '도'가 길이, '양'이 용적, '형'이 무게를 가리킵니다. 도량형이란 여러 가지를 계측하는 단위, 그것을 계측하는 도구 등을 가리키는 말입니다. 먼 옛날에 길이, 용적, 무게를 재려고 만든 기준이 지금은 필요에 따라 다양한 단위가 되었습니다. 인간이 집단생활에 필요해서 발명한 측정 기준이 단위인 것입니다.

▶ 도량형은 계측 단위나 계측 기구를 가리킨다

도(度) 길이(거리)나 척도 등

대략 15cm 정도?

양(量) 용적(부피)이나 되 등

양손으로 한 줌

형(衡) 무게(질량)나 저울 등

무엇이 더 무거울까?

태양의 크기가 기준이 되는 단위

스타디온

지구에서 봤을 때 태양이 그 지름만큼 이동하는 데 걸리는 시간을 알고 있나요? 예를 들어 태양이 빌딩 뒤로 숨은 후, 전부 가려질 때까지 걸리는 시간을 생각해보겠습니다. 그 시간은 약 2분이 걸린다고 합니다. 지구에서 본 태양의 지름(시직경. 지구에서 본 천체의 겉보기 지름)은 각도로 나타내면 약 0.5도(더 자세히 나타내면 약 32분. 1분은 60분의 1도)입니다. 태양이 하루, 즉 24시간(=1,440분) 동안 지구 주변을 한 바퀴 돈다고 가정해봅니다. 한 바퀴는 360도이기 때문에 계산하면 1,440분÷360도×0.5도=2분, 확실히 2분이 나옵니다.

고대인은 태양이 그 지름만큼 이동하는 시간을 사용해 거리를 결정했습니다. 지평선으로 태양이 보이면 태양을 향해 걸어가 태양이 전부 보일 때까지 걸은 거리를 측정했습니다. 이 거리의 단위를 스타디온(stadion)이라고 하고, 현재 길이로 따지면 약 180m입니다. 2분 동안 약 180m를 걸었다는 것은 시속으로 계산하면 약 5.4km입니다. 우리가 평소에 걷는 속도는 시속 약 4km라고 하니, 고대인은 걸음이 상당히 빨랐던 모양입니다.

고대 올림픽 경기장에서는 1스타디온 거리의 직선 주로가 있었습니다. 1스타디온, 즉 약 180m인데 경기장에는 출발 지점과 도착 지점에 돌로 된 라인이 깔려 있어서 그 사이를 측정해보면 사실 장소에 따라 1스타디온의 길이가 조금씩 달랐던 것 같습니다. 당시에는 그 정도 차이쯤이야 아무도 신경 쓰지 않았던 것인지, 아니면 단순히 몰랐던 것인지 이제는 알 수 없지만 말입니다.

　아무튼 가장 짧은 경기 거리가 1스타디온이었습니다. 그 때문에 경기 자체를 스타디온으로 부르게 되었고, 나아가 경기가 열리는 장소를 가리키는 '스타디움'이라는 말이 생겨났다고 합니다.

▶ 스타디온은 2분 동안 걸은 거리

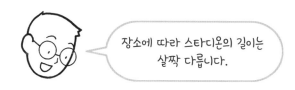

장소에 따라 스타디온의 길이는
살짝 다릅니다.

아테나이(아테네) 184.96m

델포이 178.35m

올림피아 191.27m

에피다우로스 181.30m

손가락 한 마디도 단위가 될 수 있을까?

큐빗 더블 큐빗 스팬 팜 디지트 in 풋

고대에는 우리에게 가장 친숙한 인간의 몸을 기준으로 만든 길이 단위
가 있었습니다. 길이 단위는 큐빗(cubit)이라는 단위에서 유래했습니다. 큐
빗은 팔꿈치 끝에서 가운뎃손가락 끝까지의 길이로 당시 왕의 팔이 기준
이었습니다. 당연히 왕이 바뀌면 기준이 되는 길이도 바뀌었겠지요. 그래
도 큐빗은 고대 오리엔트 나라들에서 기본적인 길이 단위였으며, 피라미드
를 건축하는 일에도 큐빗을 기준으로 삼았다고 합니다. 이 단위는 그리스
로마 시대를 거쳐 유럽으로 퍼졌고, 19세기경까지 오랫동안 사용되었습
니다.

또한 큐빗의 2배인 더블 큐빗이라는 단위는 yd(야드)의 기초가 되었다고
합니다. 1m도 사실 더블 큐빗과 관련이 있다는 설이 있습니다. 그만큼 큐
빗은 중요한 기준이었던 것이지요.

그 밖에도 손바닥을 펼쳤을 때의 폭은 스팬(span)이라고 불리며 큐빗의
절반 길이를 가리켰습니다. 스팬의 3분의 1 길이에 해당하는 엄지손가락
을 제외한 네 손가락의 폭을 팜(palm)이라고 불렀고, 나아가 팜의 4분의 1,
즉 손가락 하나에 해당하는 폭을 디지트(digit)라고 불렀습니다. 디지트는
'디지털'의 어원입니다. 나머지 엄지손가락의 폭은 인치(in)라고 불리며, 이
단위는 지금도 남아 있습니다.

또한 손뿐만 아니라 발의 폭도 단위로 써서 풋(foot)이라고 불렸습니다.
풋의 복수형이 피트(feet)로 현재는 1풋이 30.48cm로 정의됩니다. 인간의

몸을 기준으로 한 단위는 지금까지 사용되는 것이 많습니다. 그만큼 친숙한 단위라는 뜻이겠지요.

▶ 손발의 길이가 기준이 된 단위

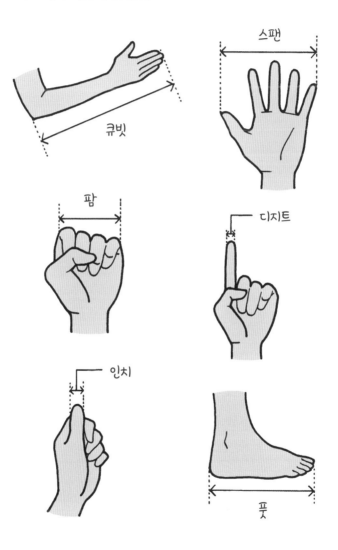

걸음에서 생긴 단위

파수스　밀리아리움(로마 마일)　mile(마일)

고대 로마에서는 병정대가 행진할 때 보폭(두 걸음에 해당하는 길이)을 파수스(passus)라는 단위로 불렀습니다. 이는 약 147.9cm라고 합니다. passus는 라틴어로 영단어인 pace의 어원이 되었습니다.

파수스의 1,000배에 해당하는 길이를 밀리아리움 파수스 또는 밀리아리움(milliarium. 라틴어로 1,000을 뜻함)이라고 불렀으며, 이것이 mile(마일)의 어원이 되었다고 합니다. pace는 한 걸음을, mile은 1,000걸음을 뜻하는 말입니다.

여기서 밀리아리움은 로마 마일이라고도 불렸습니다. 고대 로마에는 큰 길이 많이 뻗어 있었습니다. 처음에는 자연스레 생겼던 길이었지만, 기원전 312년 이후에는 아피아 가도(Via Appia)를 비롯해 인간의 손으로 정비했습니다. 아피아 가도는 다른 말로 '도로의 여왕'이라고도 불리며 지금도 옛 가도로 남아 있습니다. '아피아'란 '아피우스의'라는 뜻이며 아피우스는 도로 건설 책임자의 이름이라고 합니다.

아피아 가도에는 마일스톤(milestone)이라 불리는 돌기둥이 놓여 있었습니다. 마일스톤에는 1로마 마일(약 1.48km)마다 기점(로마)에서 몇 번째 떨어진 기둥인지 적혀 있었기 때문에 거리가 얼마나 되는지 알 수 있었습니다. 로마의 모든 가도에는 이렇게 마일스톤이 설치되어 있었던 듯합니다. 가도를 지나는 사람들에게는 아주 편리했겠지요. 마일스톤이 현대의 도로나 철도에 사용된 표식의 시초라고 합니다.

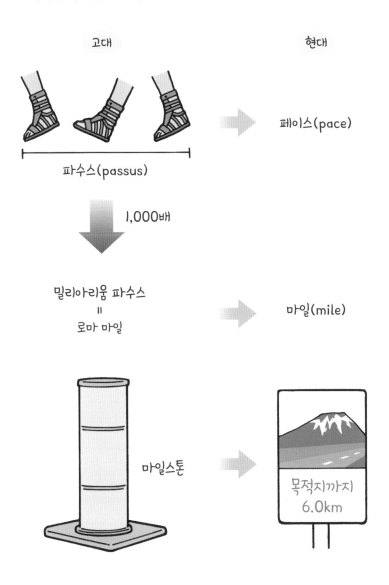

고대　　　　　　　　현대

파수스(passus)

페이스(pace)

1,000배

밀리아리움 파수스
=
로마 마일

마일(mile)

마일스톤

목적지까지
6.0km

소가 경작하는 땅의 넓이에서 유래한 단위

유게룸   에이커   모르겐   마력   고루타   요자나   부커

논을 갈 때 필요한 단위는 인간이나 동물들의 능력을 기준으로 했습니다. 로마 시대의 면적 단위에 유게룸(jugerum)이라는 단위가 있습니다. 이는 '소 두 마리가 오전 동안 가는 논의 면적' 혹은 '소 한 마리가 하루에 가는 논의 면적'이었다고 합니다. 영국에서 지금도 사용되는 에이커(ac)라는 단위는 '소 두 마리를 끈으로 이어서 쟁기를 끌게 하여 한 사람이 하루에 경작할 수 있는 넓이'라는 뜻입니다. 에이커란 그리스어로 소 끈을 말하며, 13세기 에드워드 1세 시대부터 사용되었다고 합니다. 에이커에 대한 자세한 내용은 82쪽을 참고하기 바랍니다.

면적을 나타낼 때는 모르겐(morgen)이라는 단위도 썼습니다. 이는 소 한 마리가 오전 중에 갈 수 있는 논의 면적이라고 합니다. 모르겐은 독일어로 아침을 뜻하는 단어로 사용됩니다. 독일어 'Guten Morgen'은 '좋은 아침입니다.'라는 아침 인사입니다.

예부터 인간을 도우며 살아왔던 동물에는 말이 있습니다. 말은 인간이나 짐을 운반하는 힘을 지녔는데, 그 힘의 기준이 된 단위가 바로 마력입니다. 마력에 대해 자세한 내용은 110쪽을 참고하기 바랍니다.

고대 인도에는 소의 울음소리가 들리는 거리를 나타내는 고루타(goruta)라는 단위가 있었다고 합니다. 1고루타는 1.8km에서 3.6km 정도로 매우 범위가 큰 단위인 듯합니다. 그 밖에도 소가 하루에 걷는 거리를 나타내는 요자나(yojana)라는 단위는 10km에서 15km라고 하니, 이 단위 역시 두루

뭉술하게 감으로 만든 인상이 있습니다.

또한 시베리아에는 수소에게 뿔이 달렸는지 구분할 수 없는 시점의 거리를 나타내는 부커라는 단위가 있는데, 1.7km에서 7.7km 정도를 나타낸다고 하니 이 단위도 상당히 범위가 넓다고 할 수 있습니다. 이는 인간의 청력이나 시력, 동물의 능력을 바탕으로 만들어진 것이기 때문에 어쩔 수 없겠지요. 이제는 쓰지 않는 단위가 된 것도 당연한 결과일지 모릅니다.

➥ 오전이나 하루 동안 갈 수 있는 논의 면적

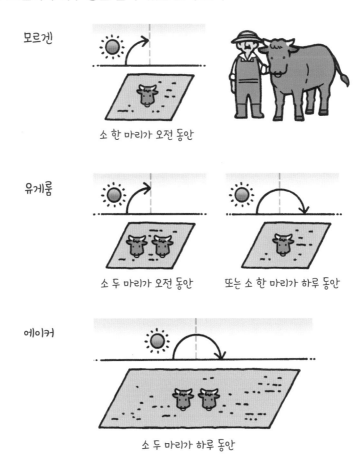

모르겐

소 한 마리가 오전 동안

유게룸

소 두 마리가 오전 동안   또는 소 한 마리가 하루 동안

에이커

소 두 마리가 하루 동안

중국에서 전해진 단위들

자 치 푼 장 작 홉 되 말 들이 보 평 묘

고대 중국에서도 서양과 같이 인간의 몸을 기준으로 만든 단위가 사용되었습니다. 손을 펼쳤을 때 엄지손가락에서 가운데손가락까지의 폭이 자(尺. 척이라고도 합니다.-옮긴이), 인치와 마찬가지로 엄지손가락의 폭을 기준으로 한 단위가 치(寸. 촌이라고도 합니다.-옮긴이)였습니다. 그러나 손의 폭을 기준으로 하면 그 길이가 일정하지 않기 때문에, 그 후 도구를 기준으로 한 길이나 부피 단위를 사용했습니다.

기원전 9년쯤에는 '황종'이라는 피리가 사용되었습니다. 황종으로 음계의 기본을 정하는데, 같은 파장의 음을 내려면 길이가 일정해야 합니다. 이때 황종의 길이는 (검은) 수수 90알을 나열한 것과 같았습니다. 그래서 수수 한 알의 길이를 1푼으로 하고, 10푼을 1치, 10치를 1자, 10자를 1장이라 했습니다. 그 후 자를 발명했고, 특히 주나라 때 건축용으로 만든 '곱자'는 다른 나라에도 전해져서 쓰였습니다.

이 피리는 길이의 기준으로 쓰였을 뿐만 아니라 용량의 기준으로도 쓰였습니다. 피리 안에 수수 1,200알을 넣고 그것과 같은 물의 양을 작(勺)이라고 했고, 그 10배를 1홉(合)이라고 했습니다. 그리고 10홉을 1되, 10되를 1말, 10말을 1들이라고 했습니다.

서양과 마찬가지로 중국에도 보폭을 기준으로 한 넓이 단위가 있었습니다. 두 걸음의 길이를 보라고 했고, 한 변이 그 길이인 사각형의 넓이도 '보'라고 불렀습니다. 나중에 1보는 약 6척 4방의 넓이가 되었고, 그것이 현재의 1평이 되었습니다. 그 밖에 묘(畝)라는 단위도 있었는데, 주나라 때는 100보를 나타냈습니다. 중국에서는 시대에 따라 묘의 넓이를 나타내는 기준이 달라졌는데, 현재 한국과 일본에서는 보통 30평을 말합니다.

▶ 한자의 기원이 된 모양

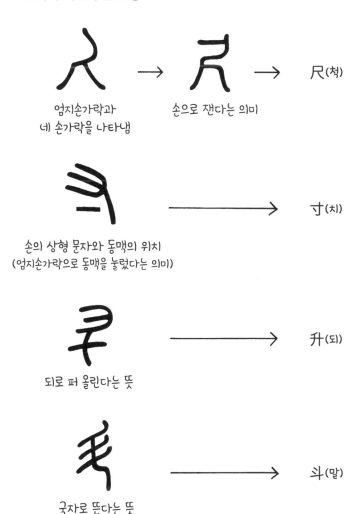

한국 전통의 단위들

가마니 두름 코 톳 접 자밤 고리

미터법은 지구 자오선(북극과 남극을 연결한 가상의 선)을 기준으로 만들었습니다. 사람 몸이나 동물의 능력을 기준으로 만든 단위와는 매우 다릅니다. 미터법을 만들기 이전에는 어느 곳이든 대개 이런 단위를 사용했습니다. 우리나라도 사정이 크게 다르지 않아서 사람 몸이나 특정한 물건의 수량을 기준으로 한 단위를 흔히 이용했습니다. 예를 들어 자밤, 고리, 줌, 모, 톨, 거리, 접, 톳 등이 있습니다.

한 자밤은 나물이나 양념 따위를 손가락을 모아서 그 끝으로 집을 만한 분량을 말하며, 한 고리는 소주 열 사발, 한 접은 사과 100알, 한 톳은 김 40장이나 100장을 하나로 묶은 것입니다. 한 두름은 조기나 명태 20마리, 한 코는 낙지 20마리, 한 가마니는 쌀 80kg을 뜻합니다. 길이 단위에는 자와 치 등이 있는데, 자는 한 뼘 정도의 길이를 말하고 치는 손가락 마디 정도의 길이를 말합니다. 모두 사람 몸을 기준으로 만든 단위입니다.

시간을 세는 법도 지금과는 달랐습니다. 한국과 중국과 일본은 모두 예전에 하루를 12구간으로 나눠서 각 구간에 십이지의 이름을 붙여 시간을 셌습니다. 십이지는 육십갑자의 아래 단위를 이루는 요소로 자(子), 축(丑), 인(寅), 묘(卯), 진(辰), 사(巳), 오(午), 미(未), 신(申), 유(酉), 술(戌), 해(亥)입니다.

일출이나 일몰 시각은 계절에 따라 달라지기 때문에 옛날 사람은 계절에 따라 시간 길이가 다른 생활을 보냈다고 합니다. 얼핏 불편해 보이지만, 태양의 높이를 보면 대충 시각을 알기 때문에 오히려 편리했던 모양입니다.

또한 십이지는 시간뿐 아니라 방향을 나타낼 때도 쓰였습니다. 동서남북을 각각 묘(卯), 유(酉), 오(午), 자(子)로 나타내고, 나아가 북동쪽을 축인(丑寅), 남동쪽을 진사(辰巳), 남서쪽을 미신(未申), 북서쪽을 술해(戌亥)라고 했습니다.

▶ 옛날에 시각을 확인하던 법

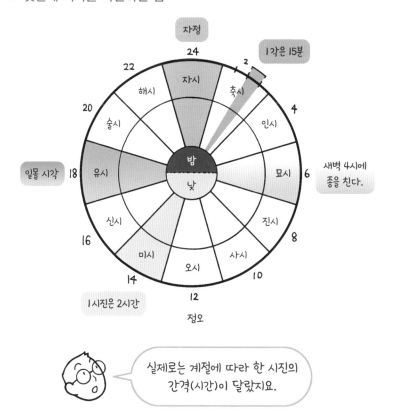

태양과 달의 크기

32쪽에 태양의 지름을 언급했는데, 지구에서 본 태양과 달의 크기는 거의 비슷하다는 사실을 아시나요? 단, 달이 지구 주변을 도는 궤도와 지구의 공전 궤도는 타원형이기 때문에 크기가 항상 일치하는 건 아닙니다. 달이 태양보다 약간 클 때는 태양이 달 뒤로 숨는데, 이를 '개기일식'이라고 부릅니다. 이때는 평소에 눈이 부셔서 보이지 않는 코로나를 맨눈으로 관측할 수 있습니다. 개기일식과 반대로 태양이 조금 더 클 때는 달이 태양을 모두 가리지 못해서 햇빛이 새어 나오듯 보이는데, 이를 '금환일식'이라고 부릅니다.

여기서 의문이 생긴 사람도 있을 것입니다. '잠깐, 달의 크기가 항상 같은 건 아니잖아?' 확실히 달은 높은 위치에서 볼 때와 지평선 가까이 낮은 위치에서 볼 때, 크기가 완전히 다르게 보입니다. 그러나 이는 사실 인간의 눈이 착각을 일으키기 때문입니다. 이 현상은 달 착시(Moon Illusion)라고 불리며 기원전부터 이어져 온 수수께끼라고 합니다.

아직 명확한 원인이 밝혀지지 않았지만, 달 옆에 비교 대상이 있느냐 없느냐의 차이로 착시가 일어난다고 알려졌습니다. 예를 들어 '중천에 뜬 달은 검푸른 밤하늘과 대비 효과를 일으켜 작게 보인다.' '달이 지평선 가까이에 있을 때는 달과 지상 사이에 있는 건물 때문에 달의 깊이가 강조되어 더 커 보인다.' 같은 주장이 있습니다. 실제로 달의 겉보기 크기를 측정해 비교해보면 중천에 뜬 달과 지평선 근처에 뜬 달의 크기가 같다고 합니다. 석양이 크게 보일 때도 있는데, 이 역시 비슷한 현상으로 실제로는 중천에 뜬 해와 비교해서 크기에 거의 차이가 없다고 합니다.

제3장

길이와 거리의 단위

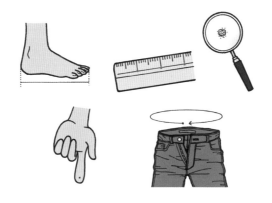

우리가 가장 많이 쓰는 단위란 바로
길이를 나타내는 단위 아닐까요?
이 장에서는 눈에 보이지 않는 작은 것을
나타내는 단위부터 정신이 아득해질 정도로
저 멀리 있는 천체의 거리까지 다양한 길이의
단위를 다루려고 합니다.

길이를 재는 만능 단위, 미터

m km cm mm μm nm pm

'○○의 길이는?' 하고 물으면 대부분 '○○m' 혹은 '○○cm'라고 대답합니다. 이는 우리가 평소에 m를 기준으로 길이를 측정하기 때문에 무의식중에 미터 단위를 사용하는 것입니다. 그러나 m라는 단위가 '잰다'라는 뜻의 프랑스어에서 왔다는 사실을 아는 사람은 적지 않을까요? 현대 사회에서 외래어를 많이 쓰긴 하지만 프랑스어는 많이 쓰지 않습니다. 그래서 길이 단위로 프랑스어를 사용한다는 점이 이해가 잘 안 가지요.

'계량기로 잰다'는 말은 영어로 meter입니다. 전기나 가스 등을 측정하는 기기를 '○○ 미터'라고 부르는데, 영어에서 온 단어입니다. 또한 옷 치수를 정할 때 몸 크기를 측정하는 줄자를 'tape measure'라고 부르는데, 역시 영어입니다. measure가 측정한다는 뜻입니다.

길이의 기본은 m이고, 이보다 긴 길이는 km(킬로미터), 더 짧은 길이는 cm(센티미터)나 mm(밀리미터)처럼 접두사(191쪽 참고)를 붙여서 각각 1,000배나 100분의 1, 1,000분의 1을 나타냅니다. 평소 생활에서는 별로 사용하지 않지만 1μm(마이크로미터)는 1m의 100만분의 1, 1nm(나노미터)는 1m의 10억분의 1, 1pm(피코미터)는 1m의 1조분의 1을 나타냅니다. m는 국제단위계의 기본단위인 만큼 아주 긴 거리부터 눈으로 보이지 않는 작은 거리까지를 나타내는 단위로 사용할 수도 있습니다. '길이의 만능 선수'라고 할 수 있는 단위입니다.

➡ 미터법에 따른 길이의 단위

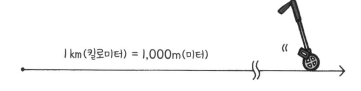

1km(킬로미터) = 1,000m(미터)

1m(미터)

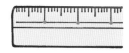

1cm(센티미터) = $\frac{1}{100}$ m(미터)

1mm(밀리미터) = $\frac{1}{1000}$ m(미터)

(설탕 알갱이 하나 크기)

1μm(마이크로미터) = $\frac{1}{100만}$ m(미터)

(먼지 크기)

1nm(나노미터) = $\frac{1}{10억}$ m(미터)

(바이러스 크기)

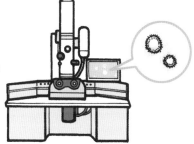

당신의 청바지 사이즈는?

inch(in)   yd

누구나 청바지 한두 벌쯤은 가지고 있겠지요? 위 제목 같은 질문을 던진다면 과연 여러분은 어떻게 대답할까요? '개인 정보이기 때문에 대답할 수 없습니다.' '성추행 아닌가요?'라는 대답은 일단 제외합시다. '산 지가 너무 오래돼서…… 몇이었더라?' '제 몸 치수는 아는데…… 몇이었지?' 하는 분들도 많이 계시겠지요.

청바지 크기는 cm로 표시하기도 하지만, 대부분 inch 또는 줄여서 in로 나타냅니다. 1in는 2.54cm이며 아시아권에서 사용되었던 길이 단위인 치(寸)와 값이 가까워서 중국에서는 영촌(英寸)이라 불리고, 일본에서는 메이지 시대에 吋(인치)라는 글자가 만들어졌다고 합니다.

그런데 in는 국제단위계가 아니라 영어권의 여러 나라에서 관습적으로 사용하는 '야드-파운드법'의 단위입니다. 야드-파운드법이란 길이의 기준으로 yd, 무게(정확히는 질량)의 기준으로 lb(파운드)를 사용한다고 해서 이렇게 불렸는데, 영국에서는 Imperial unit(대영 제국 단위계), 미국에서는 U.S. customary unit(미국 관용 단위계)라고 부른다고 합니다.

in는 같은 야드-파운드법의 ft(피트), yd와의 관계에서 각각 $\frac{1}{12}$ft, $\frac{1}{36}$yd입니다. 또한 in는 기호를 이용해 나타낼 때가 있습니다. 이때 사용되는 기호는 더블 프라임(″)인데, '큰따옴표'와는 다른 기호지만 겉보기에 닮았기 때문에 엄격하게 구별하지는 않는 듯합니다. 참고로 더블 프라임은 각도의 초를 나타내는 기호로도 쓰입니다.

▶ in(인치)로 재는 우리 주변의 사물들

28인치

청바지 허리 치수
28in = 71.12cm

텔레비전이나 컴퓨터 모니터 표시부의
대각선 길이
55in = 139.7cm

15인치

16인치

자동차나 오토바이 휠의 지름
15in = 38.1cm

자전거 타이어에 공기를 넣을 때
의 겉지름 치수
16in = 40.64cm

자동차와 오토바이, 자전거는
측정하는 위치가 다릅니다.

얼마나 멀리 날려야 홈런일까?

yd   ft

인기가 좋은 스포츠 가운데 골프가 있습니다. 골프에서는 공을 칠 때의 비거리나 핀까지의 거리를 yd라는 단위로 나타냅니다. 또한 야구의 그라운드 사이즈는 ft라는 단위로 표기합니다. 이처럼 스포츠에서는 발상지에서 쓰였던 단위를 그대로 관습처럼 사용하는 경우가 많습니다.

투수판에서 홈 베이스 끝부분까지는 60.6ft로 정의되어 있습니다. 1foot이 0.3048m이므로 환산하면 18.47m입니다.

처음부터 ft로 각 치수를 결정했다면 이렇게 두루뭉술한 값은 되지 않았겠지만, 아래와 같은 이유가 있다고 합니다.

"원래는 45ft였다. 그러나 에이모스 루시라는 투수의 공이 너무 빨라서 치지 못했기 때문에 룰 위원회가 단계적으로 거리를 늘려 1893년에 60ft로 결정했다. 그러나 룰 위원회가 제시한 60.0feet라는 글자가 지저분해서 60.6feet로 잘못 보고 설계도를 그렸다. 나중에 잘못됐다는 사실을 깨달았지만 그냥 두기로 했다."

이 말을 곧이곧대로 믿기가 어렵지만, 사실이라고 합니다. 야구에서 한 시합을 9회까지 하게 된 계기도 승부가 날 때까지 시합하면 "요리를 시작해야 할 타이밍을 못 잡겠다."라는 말을 한 요리사의 주장 때문이었다니, 어쩐지 이 이야기도 수긍이 갑니다.

그렇다고 야구장(구장)의 규격이 반드시 모두 똑같지는 않습니다. 예를 들어 일본의 공인 야구 규칙 2.01에 "양쪽 날개는 320ft(97.53m) 이상,

중견은 400ft(121.918m) 이상이 가장 바람직하다."라고 규정되어 있지만, 2017년에도 이 규정을 충족하지 못한 일본 프로 야구 홈구장이 있었습니다. 야구의 본고장인 미국에서는 당시 공터에 야구장을 만들었기 때문에 구장의 형상이나 넓이가 다르며, 일본도 그 관행을 따라 했기 때문이라고 이해하면 되리라 생각합니다.

▶ 인치, 피트(풋), 야드의 관계

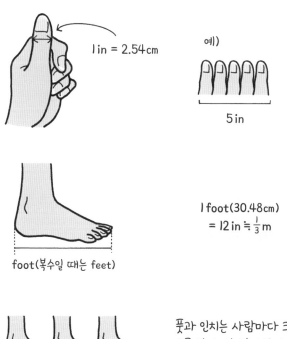

예)

1 in = 2.54cm

5 in

1 foot(30.48cm)
= 12 in ≒ $\frac{1}{3}$ m

foot(복수일 때는 feet)

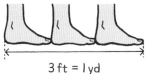

3 ft = 1 yd

풋과 인치는 사람마다 크기가 다른 발과 엄지손가락의 크기를 기준으로 했다는 단점이 있다.

아파트 30평형은 몇 m²일까?

한국은 1961년 개량법을 제정해서 미터법을 포함해 국제단위계를 법정단위로 지정했습니다. 1983년 건축물대장과 토지대장에 '평'을 사용하지 못하게 했고, 2007년에는 비법정단위를 전면 금지했습니다. 이 같은 조치는 계속 이어져, 2009년에는 비법정단위를 사용한 법률과 조례를 개정했고, 2010년부터는 일간지 광고에도 비법정단위를 사용하지 못하게 했으며 이를 어기면 과태료를 부과했습니다.

사람들이 법정단위를 쓰도록 오랫동안 계도 활동과 단속을 펼친 결과, 이제 각종 미디어에서 비법정단위를 쓰는 일은 없습니다. 다만, 관습이란 쉽게 없어지는 것이 아닌 모양입니다. 아직도 일상생활, 즉 사람들 사이의 대화에서는 근(斤), 자, 치, 평(坪) 등 비법정단위를 쓰는 경우가 있습니다.

가장 많이 쓰는 비법정단위는 평이 아닐까 합니다. 아직도 아파트나 빌라 같은 집의 크기를 표기할 때 제곱미터로 나타낸 숫자 옆에 ○○평형이라는 말을 쓸 정도입니다. 평 단위는 사람들 사이에서 직관적인 단위로 쓰이고, 사용 빈도도 높습니다. 이 때문에 간단하게 제곱미터를 평으로 변환하는 공식도 쓰입니다. 참고로 알아보자면, 이렇습니다. 89m²라면 반올림하고 끝자리 숫자는 버립니다. 이때 9라는 숫자가 나오는데 여기에 3을 곱합니다. 그러면 대략의 평수가 나옵니다. 좀 더 정확한 평수를 알고자 한다면 89를 3.3으로 나눕니다. 1평은 약 3.3m²입니다.

그 밖에도 자나 치가 일상에서 쓰입니다. 각각 미터법으로 나타내면 약

30.303cm, 약 3,030cm입니다. 이 단위도 점점 사용 빈도가 줄어가고 있지만, 자는 보통 장롱 크기를 비교할 때 이용합니다.

▶ 일상에 살아 있는 평·자·치 단위란?

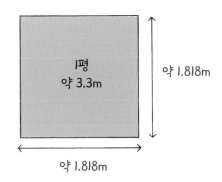

공식적인 문서에는 평, 자, 치를 사용할 수 없지만,
일상 언어생활에서는 종종 쓰인다.
특히 평은 아직도 생명력이 강해서 사람들 입에 자주 오르내린다.

더 길고 빠르고 넓은 것을 재기

furlong   chain   mile   nautical mile

긴 거리를 나타낼 때 국제단위계에는 km가 있고, 야드-파운드법에는 야드, 체인, 펄롱, 마일 등 다양한 단위가 있습니다.

yd를 기준으로 비교해보면, 1furlong(펄롱)은 220yd, 660ft, 10chain(체인)이 되며 국제단위계로 환산하면 201.168m입니다.

furlong이라는 단위에 익숙지 않은 사람도 있을 텐데, 사실 경마에서 mile(마일)과 함께 많이 사용합니다. mile은 들어본 적이 있을 것입니다. 8furlong에 상당하는 단위로 국제단위계로는 1,609.344m입니다.

그런데 바다나 하늘에서 1mile은 육지보다 길어서 1,852m입니다. 이를 육지에서 쓰는 마일과 구분하기 위해 nautical mile(해리) 또는 sea mile이라고도 부릅니다. 단순히 마일이라고 지칭하면 '국제 마일'이라고도 불리는 육상 마일을 가리킵니다.

지금도 꿋꿋이 야드-파운드법을 사용하는 미국에는 이 밖에 측정 마일 (U.S. survey mile)이나 측량 풋(U.S. survey foot)이라는 정의가 있습니다. 이에 따르면 1in가 2.54000508001cm로 앞서 나온 2.54cm(48쪽 참고)보다 값이 살짝 큽니다. 따라서 광대한 토지를 측량할 때는 차이가 크게 나지만, 미국은 땅이 넓기 때문에 별문제 없이 넘어갈지도 모르겠습니다.

▶ 펄롱, 야드, 피트, 체인의 관계

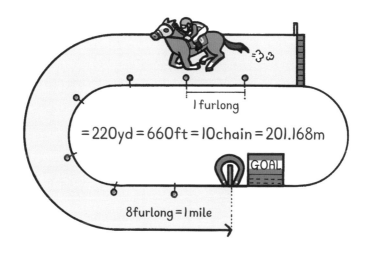

1 furlong
= 220yd = 660ft = 10chain = 201.168m

GOAL

8furlong = 1 mile

▶ 육지의 마일과 하늘, 바다의 마일

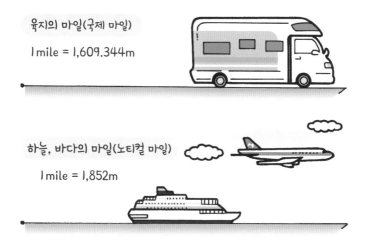

육지의 마일(국제 마일)

1 mile = 1,609.344m

하늘, 바다의 마일(노티컬 마일)

1 mile = 1,852m

한국의 길이 단위

리 정보 자 치 간

이번에는 한국에서 정통적으로 써온 길이 단위를 알아보겠습니다. 비교적 긴 길이를 나타낼 때 리(里)라고 하여 척관법을 따르는 단위를 썼습니다. 원래는 중국에서 넓이를 나타내는 단위로 사용했지만, 후에 그 한 변을 길이 단위로 사용하게 되었습니다.

그렇다면 1리는 어느 정도 길이일까요. 1리의 길이는 시대마다 달랐습니다. 조선 세종 시대에는 약 374m, 조선 철종 시대에는 540m였으며 대한제국 시절에는 420m였습니다. 그러다 일제강점기에 들어서 1리가 약 400m가 된 것입니다. 이때 1리는 1,296자에 해당하며 1자는 약 30cm입니다.

사실 1자의 길이도 시대마다 달랐습니다. 자는 손을 완전히 폈을 때, 엄지손가락 끝에서 가운뎃손가락 사이의 길이를 뜻하며 약 18cm 정도였습니다. 그러다 점점 길어져서 한 나라 때는 23cm, 당 나라 때는 24.5cm가 되었습니다. 조선 초기에는 1자를 32.21cm로 정했으나 세종 때 31.22cm로 바꿔서 계속 쓰다가 대한제국 시절에 30.303cm로 바뀌었습니다.

치라는 단위도 있습니다. 이 단위는 손가락 굵기를 기준으로 한 것입니다. 1자는 10치이며, 1치는 3.0303cm입니다. 이처럼 한국을 비롯해 동아시아 국가는 국제단위계를 사용하기 전에 척관법의 단위를 이용했습니다. 길이 단위를 조금 더 알아보면, 1간(間)은 6자이며 약 1.8m를 말합니다. 또 60간은 1정(町, 丁)으로 약 109m입니다.

넓이를 나타내는 척관법 단위 중 평은 일상 대화에서 쓰는 경우가 종종 있습니다. 그런데 정보(町步)라는 단위는 일상에서조차 낯선 단위가 되었습니다. 정보는 예전에 논밭의 넓이를 나타낼 때 쓰던 단위입니다. 1정보는 3,000평을 뜻하며 미터법으로 환산하면 9,917m²입니다. 반보라는 단위도 있습니다. 1반보는 0.1정보, 즉 300평을 말합니다.

▶ 척관법에 따른 길이 표시

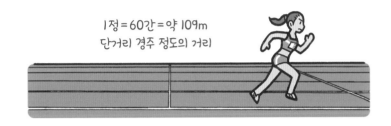

1정=60간=약 109m
단거리 경주 정도의 거리

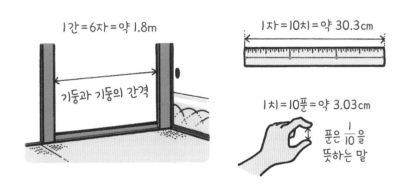

1간=6자=약 1.8m

기둥과 기둥의 간격

1자=10치=약 30.3cm

1치=10푼=약 3.03cm

푼은 $\frac{1}{10}$을 뜻하는 말

아득히 먼 우주를 상상하게 만드는 단위

천문단위　AU　광년　pc

정신이 아득해질 정도로 큰 값을 '천문학적'이라고 표현할 때가 있습니다. 제2장에서 소개했듯이 단위는 필요에 따라 우리 주변의 사물을 기준으로 만들었기 때문에 천체와 관련한 거리는 우리의 상상을 뛰어넘습니다. 국제단위계로도 분명 나타낼 수 있지만, 알기 쉽지 않고 사용하기도 쉽지 않습니다.

그래서 천문학에서 따로 사용하는 단위가 있습니다. 지구는 태양계에 속하는 행성이기 때문에 태양과 지구의 거리를 기준으로 한 단위지요. 이를 천문단위 또는 AU라고 합니다. 정확히 말하면 '지구가 태양의 주위를 도는 타원 궤도의 긴 반지름'이라고 정의하는데, '태양에서 지구까지의 평균 거리'라고 하면 이미지를 떠올리기가 더 쉬울 것입니다. 어차피 상상을 초월하는 거리이기 때문에 오차는 신경 쓰지 않기로 하지요. 이 단위는 주로 태양계 천체 사이의 거리를 측정할 때 사용합니다.

다음으로는 SF 소설이나 드라마, 영화에 자주 나오는 광년(Light Year, LY)을 소개하겠습니다. 이름 그대로 빛이 1년 동안 진행한 거리인데, 애초에 빛의 속도를 모르면 상상하기가 어렵습니다. 빛은 1초 동안 약 30만km(299,792,458m), 즉 지구를 약 일곱 바퀴 반 정도 돌았을 때의 거리를 나아갑니다. 어마어마한 거리를 나타낼 때 이 단위가 적합하다는 사실을 바로 눈치챌 수 있을 것입니다.

이것으로 끝이 아닙니다. pc(파섹)이라는 단위도 있습니다. 이 단위는 삼각측량, 즉 삼각형 기하학을 이용해 천체의 거리를 측정하는 데 쓰는 단위입니다. parallax(시차)와 second(각도 단위로서의 초)를 조합해 만들었습니다.

▶ 천문단위

지구

태양

1천문단위

▶ 광년

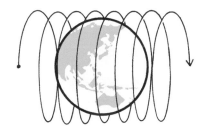

1광년
=1초 동안 지구를 7.5바퀴
도는 속도로 1년 동안 진행한 거리
=약 9조 4,600억km

▶ pc(파섹)

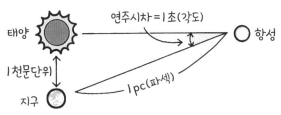

연주시차=1초(각도)

태양

항성

1천문단위

1pc(파섹)

지구

어마어마하게 긴 사다리네요.

이들은 측정하는 거리에 따라 구분해 사용한다. 단, 멀리 떨어진 천체는 특정 방법만으로 측정하기가 불가능하기에 여러 수법을 합쳐서 계측하기도 한다. 사다리를 걸치듯 여러 수법으로 이어서 측정한다고 하여 '우주 거리 사다리'라고 부른다.

길이의 기준 '미터원기'

이 책에서는 수많은 단위를 소개하는데, 단위란 일정량을 수치로 나타내기 위한 성질이 있어야 하는 만큼 변하지 않는 기준이 필요합니다. 이렇게 측정 기준으로서 이용되는 기본단위의 크기를 구체적으로 표현한 것을 '원기'라고 합니다.

1875년 5월 20일에 17개국은 미터법을 쓰기로 결정한 후, 미터 및 킬로그 램원기를 1879년에 제작했습니다. 이를 기념해 매년 5월 20일은 '세계 측정 의 날'입니다.

미터원기와 킬로그램원기는 모두 백금 90%와 이리듐 10%의 합금으로 만 들어졌습니다. 미터원기의 양쪽 끝은 X자 모양입니다. 이는 원기를 고안한 앙 리 트레스카(Henri Tresca, 1814~1885)의 이름을 따서 '트레스카의 단면'이 라고 불립니다.

원기의 양쪽 끝 부근에 타원형 마크가 있고, 그 안에 평행선 3개가 그어져 있습니다. 기온이 0℃일 때 양쪽에 있는 가운데 평행선 사이의 간격이 1미터 입니다. 미터원기는 시제품으로 30개 제작되었는데, 그중 여섯 번째(No. 6)가

• 초기의 미터원기

'아르시브의 미터'에 가장 가까운 값이라고 해서 국제미터원기(표준기)로 정했습니다. 프랑스인 들람브르(Joseph Delambre)와 메샹(Pierre Méchain)이 프랑스 북쪽 해안에 위치한 됭케르크와 스페인 바르셀로나를 잇는 경선을 따라 7년에 걸쳐 삼각측량을 반복해서 지구 자오선 전체 길이(남북 방향으로 지구를 한 바퀴 도는 거리)를 산출했습니다. 1m는 자오선 호 길이의 1,000만분의 1로 정의했습니다. 이를 '아르시브의 미터'라고 합니다. 이렇게 만들어진 미터원기는 1889년에 열린 제1회 국제도량형총회에서 승인되었고, (표준) 미터원기를 기준으로 만들어진 부원기들이 미터협약 가맹국에 분배되었습니다.

한국은 1959년에 미터협약 가맹국이 되었으나, 이미 이 땅에는 대한제국 시절인 1894년에 킬로그램원기와 미터원기가 들어와 있었습니다. 1905년 대한제국 법률 제1호는 도량형의 원기가 백금제의 막대와 분동이며, 이 국가원기를 농상공부 대신이 보관한다고 기술하고 있습니다. 이는 대한제국이 원기를 보유했다는 증거입니다.

표준 원기와 비교 측정해 미터원기를 만들기는 하지만, 각 원기마다 미세한 차이가 있는 것도 사실입니다. 게다가 경년변화(재료의 성질이 시간이 지나면서 서서히 변화하는 것 – 옮긴이)가 일어나기 때문에 길이가 반드시 정확하지는 않습니다. 분실(도난)이나 불에 탈 가능성도 부정할 수 없습니다. 그래서 1983년 제17회 국제도량형총회에서 미터를 물리현상에 바탕을 둔 것으로 다음과 같이 개정했습니다.

> 빛이 진공에서 2억 9,979만 2,458분의 1초 동안 진행한 경로의 길이

다만 이 정의에 실효성이 있으려면 1초가 무엇인지 정의되어야 합니다. 1초가 무엇인지는 1967~1968년 제13회 국제도량형총회에서 승인한 정의

가 사용됩니다. 1초란 바닥 상태에 있는 세슘−133 원자에서 두 개의 초미세 준위 사이의 전이에 해당하는 복사선 주기가 91억 9,263만 1,770번 진동하는 데 걸리는 시간입니다.

이처럼 미터의 정의가 변경되면서 길이를 더 정확하게 측정할 수 있게 되었습니다. 인공물을 기준으로 만든 단위는 변할 수 있지만, 지금은 미터를 변하시 않는 값인 빛의 속력을 이용해 정의하니 피손이나 소멸의 염려도 없고 정밀도도 10^{-7}에서 10^{-9}로 높아진 것입니다.

미터 정의가 바뀐 만큼 미터원기도 바뀌어야 합니다. 현재 여러 나라가 합금으로 만든 원기 대신 요오드 안정화 헬륨−네온 레이저를 표준기로 이용하고 있습니다.

• 미터원기로 쓰는 '요오드 안정화 633nm 헬륨−네온 레이저 공진기'

사진 제공: 고즈 정밀기계 주식회사

제4장

무거움과 가벼움의 경계는?

길이와 더불어 무게(질량)를 나타내는 단위는
우리에게 매우 익숙합니다.
이 장에서는 kg이나 t, 관, 돈 등
무게를 비교하는 데 사용하는 단위를
다양하게 소개합니다.

무게원기의 책임은 무겁다?

kg

우리는 '무겁다' '가볍다'라는 말을 자주 하는데, 이러한 무게 비교에는 일반적으로 kg이라는 단위를 사용합니다. 무게를 정의하려고 처음 사용한 것은 물이었습니다. 1870년대에 1kg을 '1기압, 0℃의 증류수 $1dm^3$(세제곱데시미터)=1L의 질량'으로 정의했습니다. 길이와 마찬가지로 무게 단위도 아주 친숙한 것을 기준으로 했습니다.

그런데 무게의 기준이 되는 '국제 킬로그램원기'는 1879년에 프랑스에서 3개가 만들어졌고, 그중 하나를 표준으로 뽑았습니다. 백금 90%와 이리듐 10%의 합금으로 지름 및 높이가 모두 39mm인 원기둥 모양입니다. 변질 때문에 무게가 달라지는 일이 없도록 이중 기밀 용기에 보관된 상태이며 2017년 현재에도 프랑스 파리 교외의 세브르라는 마을에 있는 BIPM(Bureau International des Proids et Mesures. 국제도량형국)에서 보관하고 있습니다.

엄밀하게 관리하고 있는데도 국제 킬로그램원기의 무게가 1년 동안 최대 20×10^{-9}kg 정도 변화한다는 사실이 밝혀졌습니다. 그래서 1999년 제21회 국제도량형총회 이후에는 다양한 이론에 따라 정의를 다시 내리고자 했습니다. 결국 2018년 26회 국제도량형총회에서 킬로그램을 양자역학의 기본상수인 '플랑크 상수'를 이용해 정의했으며, 2019년부터 새롭게 정의한 킬로그램 단위를 사용하기로 했습니다. 이 과정에서 독일은 국제 킬로그램원기와 일치하는 새 원기(규소로 만듦)를 만들었고, 미국과 캐나다는 플랑크 상수를 이용한 키블 저울을 만들었습니다. 약 130년에 걸쳐 무게의 기준이라는 '중책'을 짊어져 온 국제 킬로그램원기이지만, 드디어 다음 세대(플랑크 상수)로 배턴(바통)을 넘겼습니다.

▶ 킬로그램원기의 세대 교체

뒤를 부탁해.

(옛) 킬로그램원기
탄생 : 1889년(승인 연도)
키 : 39mm
허리 : 39mm
성분 : 합금(백금 90%, 이리듐 10%)

내게 맡겨!

(새) 킬로그램원기
탄생 : 2018년
키 : 9.4cm
성분 : 규소(원자량이 28인 동위원소)

1작은술의 무게는 어느 정도?

g mL fl oz

'스파게티는 염분 농도 1% 정도로 삶아야 맛있다.'라고 합니다. '무슨 소리, 1.2%지.' '2.5%가 좋아.'라며 의견이 분분하지만, 어차피 기준은 물과 소금의 무게입니다. 예를 들어 물 1,000g(1kg)에 소금 10g을 넣고 물을 끓여서 물 10g이 증발하면 염분 농도는 1%가 됩니다. 그 밖에도 많은 요리법에서 무게의 비율은 아주 중요합니다.

그러나 일일이 계산하고 계량하기가 번거롭기에 액체나 가루의 양을 '1작은술' '1큰술' '1컵' 등과 같이 부피로 표현하는 요리법도 많습니다.

앞서 나온 예를 환산해보면, 물 1,000g은 1,000mL, 즉 200mL짜리 컵 5잔. 굵은 소금을 쓴다면 10g이 약 10mL, 즉 5mL짜리 작은술 두 스푼. 정리하면 '물 5컵에 굵은 소금 2작은술'입니다. 이렇게 정해주면 간단히 준비할 수 있지요.

영어권에서도 작은술과 비슷한 teaspoon(tsp.), 큰술과 비슷한 tablespoon(tbsp.)이라는 표현이 있습니다. 그런데 재미있는 사실은 지역이나 시대에 따라 정의가 다르다는 점입니다.

미국과 영국을 비교해볼까요? 정의하는 데 사용한 단위는 '질량이 1oz(상용 온스. 약 28.35g)인 물의 부피'를 유래로 하는 fl oz(액량 온스)입니다. tsp.은 미국에서 $\frac{1}{6}$ fl oz(미국 액량 온스), 영국에서 $\frac{1}{8}$ fl oz(영국 액량 온스)였습니다. tbsp.은 미국에서 $\frac{1}{2}$ fl oz(미국 액량 온스), 영국에서 $\frac{1}{2} \sim \frac{5}{8}$ fl oz(영국 액량 온스)였습니다.

그럼 눈치채셨나요? 수치는 물론이고 단위의 기준량이 미국 액량 온스는 약 28.41mL, 영국 액량 온스는 약 29.57mL로 전부 다릅니다. 또한 영국에서는 tbsp.의 정의를 대략 내렸기 때문에 약간 큰 스푼도 사용되었습니다. 예로부터 '영국 음식은 맛이 없다.'라는 말이 있는 이유는 이처럼 통일되지 못한 계량에도 일부분 원인이 있지 않을까요? 참고로 영국에서는 다양한 스푼이 사용되었지만, 현재 tablespoon은 15mL로 한국의 1큰술과 같습니다. 영국이나 미국에서도 1tsp. 5mL, 1tbsp. 15mL라고 적힌 계량스푼이 유통되고 있습니다.

▶ 계량기 하나의 무게 기준(단위: g)

재료　　계량기	작은술(5mL)	큰술(15mL)	컵(200mL)
물	5	15	200
술	5	15	200
식초	5	15	200
육수	5	15	200
간장	6	18	230
미림	6	18	230
된장	6	18	230
소금/굵은 소금	5	15	180
소금/정제 소금	6	18	240
백설탕	3	9	130
밀가루/박력분	3	9	110
베이킹소다	4	12	190
전분	3	9	130
베이킹파우더	4	12	150
우스터소스	6	18	240
마요네즈	4	12	190
생크림	5	15	200
기름·버터	4	12	180

• 식품 메이커나 배합, 밀도 등에 따라 무게에 차이가 나는 경우가 있다. 계량컵은 한 잔이 200mL인 제품 이외에 500mL까지 50mL 단위로 측정할 수 있는 것도 있다.

와인의 양은 나라에 따라 기준이 다르다?

t　Mg

비교적 가벼운 것을 나타낼 때는 g이라는 단위를 사용합니다. 그리고 국제
단위계에 속하면서 무게(질량)의 기본단위로 사용하는 단위가 kg입니다.
그보다 더 무거운 단위로는 t(톤)을 사용합니다. 자동차의 무게나 트럭의
적재량을 나타내는 데 사용하기 때문에 비교적 많이 들어본 단위일 것입
니다.

이 단위의 어원을 찾아보면, 역시 일상생활과 밀접한 사물과 관련이 있
다는 사실을 알 수 있습니다. t은 ton 또는 tonne을 나타내는데, 이는 나무
통을 뜻합니다. 프랑스 하면 와인이 유명한데, 와인통 하나에 들어가는 물
의 무게를 1t이라고 했다고 합니다.

즉 원래는 야드-파운드법에서 말하는 약 2,100lb가 1t이 된 셈인데, 그
후 프랑스가 중심이 되어 도입한 미터법에 맞추려고 '미터톤'이라는 단위
를 만들었습니다. 이것이 우리가 일반적으로 사용하는 1,000kg에 상당합
니다. 국제단위계에서는 100만 배를 뜻하는 접두사 M(메가)가 정의되어
있으므로 t이 아니라 Mg(메가그램)이라는 단위를 사용하도록 권장했지만,
t은 역사적으로 오랜 기간에 걸쳐 사용되었기에 국제단위계는 아니지만
병용하도록 인정받았습니다.

원래 야드-파운드법을 사용했던 영국 및 미국에서는 당연히 t이 사
용되는데, 영국에서는 1t=2,240lb(약 1,016kg)를 '롱톤', 미국에서는
1t=2,000lb(약 907kg)를 '쇼트톤'이라고 하는 등 각각 정의가 다릅니다. 또

한 야드-파운드법에서는 표기도 달라서 각각 롱톤과 쇼트톤은 ton, 미터톤은 tonne으로 구별한다고 합니다. 영국에서 와인을 산다고 더 이득이 될 것 같지는 않지만 말입니다.

▶ 여럿 존재하는 1t의 기준

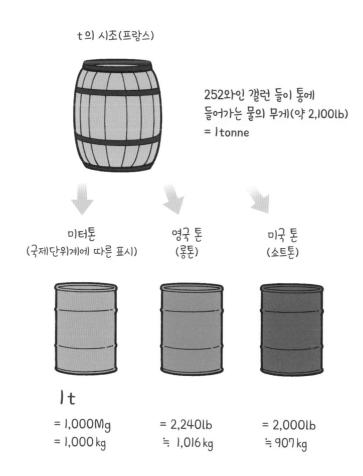

t의 시조(프랑스)

252와인 갤런 들이 통에
들어가는 물의 무게(약 2,100lb)
= 1tonne

미터톤
(국제단위계에 따른 표시)

영국 톤
(롱톤)

미국 톤
(쇼트톤)

1t
= 1,000Mg
= 1,000kg

= 2,240lb
≒ 1,016kg

= 2,000lb
≒ 907kg

보석의 무게를 측정하는 단위

carat　karat

보석은 먼 옛날부터 부의 상징이었으며 가치를 저장하는 수단으로 활용되곤 했습니다. 이런 보석이란 말을 들으면, 많은 이가 다이아몬드를 떠올리지 않을까요. 그만큼 현대 사회에서 다이아몬드는 대표적인 보석입니다. 다이아몬드의 품질은 컷(Cut. 가공 방법), 컬러(Color. 색깔), 클래리티(Clarity. 투명도), 캐럿(Carat. 질량)에 따라 종합적으로 판단합니다. 이들은 각각 머리글자가 C라는 점에서 '4C'라고도 불립니다.

컷, 컬러, 클래리티는 제몰로지스트(Gemologist. 보석 감정사)가 정성적(성분이나 성질을 밝히는 것-옮긴이)으로 판단을 내리는데, 캐럿만은 정량적(양을 밝히는 것-옮긴이)으로 측정합니다. 참고로 클래리티는 G.I.A 같은 기관의 기준에 따라 제몰로지스트가 10배 렌즈로 검사해서 11단계로 나눕니다. carat은 원래 메뚜기콩 한 알의 무게를 기준으로 했습니다. 그러나 이들은 제1장에서 나왔던 '개별단위'이며 측정하는 장소에 따라 오차가 발생하기 때문에 상거래를 하기에는 적합하지 않아 단위를 통일하려고 노력했습니다. 1907년에 1carat은 0.2g이라고 정의되었고, 그 후에는 이 값이 사용되고 있습니다.

단위와는 직접 관계가 없지만, 보석(광석)은 '경도', 즉 단단한 정도로 나타내는 경우가 있습니다. 이는 '긁었을 때 상처가 나기 힘든 정도'를 뜻하는데, 이를 고안한 독일의 광물학자 프리드리히 모스(Friedrich Mohs)의 이름을 따서 '모스 경도'라고 부릅니다.

발음은 질량을 나타내는 carat과 같지만, karat이라는 단위도 있습니다. 이는 금의 순도를 나타내는 단위로 미국과 한국에서는 K(캐럿)이라고 표기하며 24분율로 나타냅니다. 순도 100%일 때는 $\frac{24}{24}$ 이므로 24K, 75%일 때는 $\frac{18}{24}$ 이므로 18K라고 표기합니다.

▶ 대표적인 보석과 경도

종류	경도	모스 경도의 표준 질량	종류	경도	모스 경도의 표준 질량
금강석(다이아몬드)	10	○	비취	6.5~7	
강옥(커런덤)	9	○	마노	6.5~7	
루비	9		페리도트	6.5~7	
사파이어	9		정장석	6	○
묘안석(캣츠아이)	8.5		터키석	6	
황옥(토파즈)	8	○	오팔	5.5	
에메랄드	7.5~8		인회석(아파타이트)	5	○
아쿠아마린	7.5~8		형석(플로라이트)	4	○
전기석(토르말린)	7~7.5		진주	3.5	
석영(쿼츠)	7	○	산호	3.5	
가넷	7		방해석(칼사이트)	3	○
자수정(아메디스트)	7		호박	2.5	
황수정(시트린)	7		석고	2	○
			활석(탈크)	1	○

동아시아의 옛 무게 단위

자 관 돈 푼 리 근

국제단위계가 들어오기 전에는 길이와 무게를 나타낼 때 '척관법'을 사용했습니다. 척관법은 고대 중국에서 만들어진 후 동아시아 일대에서 사용했습니다. 이 이름은 고대에 자를 길이, 관(貫)을 무게의 기본단위로 썼던 것에서 유래합니다.

척관법에서는 무게를 잴 때 돈(錢), 푼(分), 리(厘), 근(斤) 같은 단위를 사용했으며, 각각의 관계는 오른쪽 페이지에 정리한 것과 같습니다. 근은 계량의 대상에 따라 무게가 서로 다릅니다. 채소와 과일의 경우 1근은 375g, 고기나 한약재의 경우 1근은 600g입니다.

1근의 무게 자체도 시대와 나라에 따라 달랐습니다. 조선 시대에 1근은 640g이었는데, 대한제국 시절에 600g으로 바꾼 뒤 지금까지 바뀌지 않았습니다. 중국에서도 1근의 무게는 계속 달라졌습니다. 한나라 시절의 1근은 233g이고, 송나라 이후에는 1근이 600g이었습니다. 현재 중국에서는 1근을 500g, 1공근(公斤)을 1kg으로 사용합니다. 참고로 대만에서 1근은 600g입니다.

현재 자, 돈, 푼, 리, 근은 모두 비법정단위로 공식적인 사용이 금지되어 있습니다. 다만 일상생활에서 관용적으로 종종 사용될 뿐입니다.

▶ 척관법에 따른 무게 표현

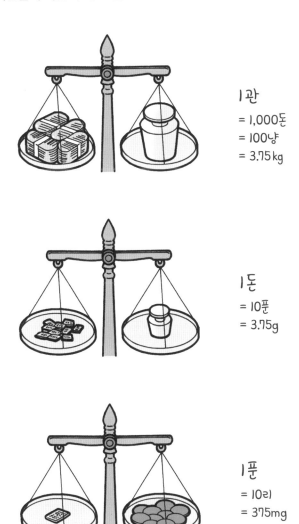

1관
= 1,000돈
= 100냥
= 3.75 kg

1돈
= 10푼
= 3.75g

1푼
= 10리
= 375mg

몸무게의 $\frac{1}{10}$이 기준인 단위?

lb 디벤 키테 ounce(oz)

제3장에서는 스포츠에서 사용하는 단위가 발상지에서 유래했다는 이야기를 했는데, 예외도 있습니다. 볼링공은 야드-파운드법의 무게 단위인 lb를 쓰는데, 볼링의 시초는 고대 이집트였다고 합니다. 고대 이집트에서는 디벤(Deben)이나 키테(Kite)라는 무게 단위를 썼는데, 1디벤은 91g(90g 또는 93.3g이라는 설도 있음), 키테는 디벤의 $\frac{1}{10}$입니다. lb는 사용되지 않았습니다.

볼링공을 선택할 때 손으로 들어보고 '이쯤이면 될까?' 하면서 감으로 선택하는 일이 많지 않나요? 사실 공을 선택할 때 적절한 무게가 있는데, 바로 자기 몸무게의 $\frac{1}{10}$을 기준으로 하면 좋다고 합니다.

그러나 자신의 몸무게를 즉시 파운드 단위로 말할 수 있는 사람은 드물 것입니다. 일반적으로 사용되는 상용 파운드(avoirdupois pound)/국제 파운드(international pound)의 경우, 1lb는 453.59237g입니다. 이 밖에 '트로이 파운드' '약용 파운드' '미터 파운드'가 있으며 각각 값이 다릅니다.

공의 무게는 일반적으로 1lb로 끊어지기 때문에 몸무게가 70kg인 사람은 15lb 또는 16lb가 적합하다는 뜻이 됩니다. 그러나 저자의 감각으로 봤을 때 너무 무거운 느낌이 듭니다. 살이 많이 쪘다는 뜻일까요?

다시 본론으로 돌아가겠습니다. lb보다 가벼운 단위는 ounce(s)(온스)로 표기하고 oz라고 줄여서 자주 씁니다. 이 단위는 복싱 글러브의 무게나 향수의 양(무게)을 나타내는 단위로도 사용합니다. 1oz는 28.3495231g이므로 16oz가 1lb입니다. 48쪽에서 소개했듯이 인치와 피트의 관계는 12진법이지만, lb와 oz의 관계는 16진법으로 국제단위계에서 사용하는 미터/킬로그램처럼 양쪽 모두 10진법으로 쓰는 단위와 비교하면 사용하기가 까다롭습니다. 그러나 미국처럼 야드-파운드법이 주류인 나라에서는 10진법의 편리성보다 $\frac{1}{2}$이나 $\frac{1}{4}$ 등 분수로 표현하기를 더 선호하는 듯합니다.

▶ 우리 주변에 있는 lb(파운드)나 oz(온스)

몸무게 45~46kg

공
10lb(≒4.54kg)

복싱 글러브
프로는 8oz 또는 10oz로
시합에서 결정된 것을 사용

향수(농도 15~20%)
국내에 갖고 들어올 때, 약 2oz(약 56.7g)
이상은 관세 부과 대상이다.
(정확하게는 60mL)

아주 가벼운 것도 측정할 수 있는 단위

gr

요즘에는 매우 큰 것을 나타내는 '메가'나 '기가' '테라', 반대로 작은 것을 나타내는 '나노'라는 말을 자주 듣습니다. 전자는 속도가 매우 빠르거나 양이 매우 많은 것을 나타낼 때 쓰고, 후자는 아주 작은 물질을 제어하는 기술인 '나노 테크놀로지'라는 단어에 사용합니다. '메가'나 '기가'는 191쪽에 소개한 접두사를 말하는데, 크기의 정도를 나타내는 말로 사용합니다.

한편 아주 가벼운 것을 측정할 때 사용하는 단위로 현재는 mg(밀리그램), μg(마이크로그램), ng(나노그램), pg(피코그램) 등이 있는데, 야드-파운드법에는 gr(그레인)이라는 단위가 있습니다. 발아한 보리 이외의 곡물을 주원료로 만든 위스키를 '그레인 위스키'라고 하는데, 어원은 같습니다. 원래 이 단위는 메소포타미아 지방에서 유래합니다. 보리 이삭에서 추출한 씨앗 하나의 무게를 기준으로 한 단위이며, 1gr은 0.06479891g(64.79891mg)으로 아주 가벼운 것을 재는 데 사용합니다.

예전에는 정제(약)를 계량하는 단위로도 사용했지만, 현재는 탄환이나 화약의 무게를 잴 때만 이용하는 듯합니다. 진주나 다이아몬드의 질량을 측정할 때 metric grain 또는 pearl grain이라는 단위를 사용한 적도 있었지만, 현재 다이아몬드는 carat, 진주는 '돈'을 사용합니다. 1893년, 진주 양식에 처음으로 성공한 일본의 미키모토 고이치가 진주를 돈 단위로 계량하는 바람에 지금은 진주 무게를 재는 국제단위가 되었습니다.

▶ 1gr(그레인)=대맥 씨앗 한 톨≒64.8mg(밀리그램)

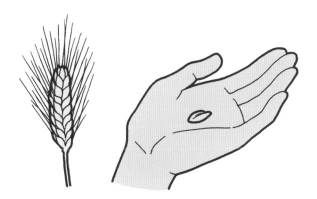

▶ 진주의 무게 단위는 돈

영어로는 momme라고 표기하지만 발음은 '모미'라고 한다

영혼의 무게는 $\frac{3}{4}$온스?

과학자는 때로 일반인이 생각지 못한 발상을 합니다. 미국 매사추세츠주의 의사 던컨 맥두걸(1866~1920)도 그중 한 사람입니다. 그는 영혼의 중량을 계측하고자 했습니다. 환자 6명과 개 15마리를 대상으로 죽을 때의 체중 변화를 기록했는데, 그 결과 '인간은 죽을 때 내쉬는 숨에 포함되는 수분이나 땀의 증발과는 다른 어떠한 중량을 잃지만, 개는 그러한 중량의 손실이 일어나지 않았다.'라고 1907년에 학술지에 발표했습니다. 뉴욕타임스가 이를 대대적으로 보도해 세상에 널리 알려지기도 했습니다. 그 무게란 바로 $\frac{3}{4}$oz(약 21g)입니다.

이에 대해 대다수 과학자들은 '죽음 직후에는 호흡이 없어지면서 혈액의 냉각이 멈추기 때문에 일시적으로 체온이 올라서 땀이 나는 법이다. 이 일시적인 땀의 수분이 $\frac{3}{4}$oz다.'라고 반론했으며 이 논쟁은 그해 내내 이어졌다고 합니다.

현대 과학에서는 영혼의 무게를 부정합니다. 영혼이란 반증이 불가능한 영역의 주제이기 때문입니다. 하지만 영혼의 무게라는 주제는 오컬트를 좋아하는 사람들은 물론이고 뇌과학이나 실험 심리학이라는 학문 분야를 비롯해 소설이나 만화 등 다양한 장르에 오늘날까지 영향을 주고 있습니다. 혹시 영화를 좋아한다면 2003년에 개봉한 영화 〈21그램〉을 떠올렸을지도 모르겠습니다.

제5장

넓이와 양, 각도를
나타내는 단위

부동산 거래를 할 때는 토지나 방의 넓이가
가치를 판단하는 중요한 요소입니다.
또한 가솔린이나 등유, 술, 조미료 등은 그 양이
정확해야 하지요. 이 장에서는 넓이나 용량,
거기에 각도를 나타내는 단위까지 소개합니다.

면적을 나타내는 다채로운 단위

평 푼 정 단 묘 보 홉 작 ha a

계량법의 시행으로 척관법 사용은 원칙적으로 금지되었습니다. 그러나 앞서 여러 차례 말했듯 일상 대화에서는 관습적으로 척관법 단위를 아직 사용합니다. 특히 땅과 건물의 넓이를 얘기할 때 '평' '보' 같은 단위를 쓰곤 합니다. 원래 미터법을 사용하지 않으면 과태료 처분을 받는데, 공적인 문서나 광고에 쓰지 않는다면 특별한 제재가 있는 것이 아니라서 사람들의 습관으로 남은 경우라고 볼 수 있습니다.

그럼, 척관법에 있는 넓이 단위를 알아보겠습니다. 대상에 따라 단위가 달라집니다. 일반적인 토지는 평을 기본으로 하지만, 논밭이나 산과 숲은 정, 단(反, 段), 묘(畝), 평 또는 보(步), 집터나 가옥에서는 평, 홉, 작이 쓰입니다.

구체적으로는 오른쪽 그림에 나타냈듯이 10진법과 30진법이 섞여 있기에 계산할 때 약간 불편합니다. 이 단위들은 시대마다 실제 수치가 조금씩 달랐는데, 일제강점기에 지금과 같은 수치로 고정된 경우가 많습니다.

1단은 '1섬'(石)이라고도 합니다. 계산상으로는 1단이 1섬인데, 이는 어디까지나 기준일 뿐이고, 기후나 토지 상태에 따라서 수확량이 달라지기 때문에 1단에 2섬 이상의 쌀을 수확하는 곳도 있었다고 합니다. 이들은 국제단위계와 병용해도 된다고 인정받는 ha(헥타르)로 나타낼 때도 있습니다. 이때 1ha는 10,000m²이고 1a(아르)는 1ha의 $\frac{1}{100}$인 100m²입니다.

➡ 논밭이나 산과 숲의 면적(땅의 넓이)

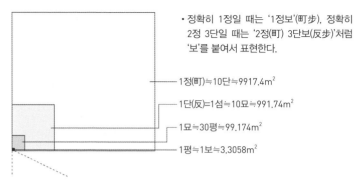

• 정확히 1정일 때는 '1정보'(町步), 정확히 2정 3단일 때는 '2정(町) 3단보(反步)'처럼 '보'를 붙여서 표현한다.

1정(町)≒10단≒9917.4m²

1단(反)=1섬≒10묘≒991.74m²

1묘≒30평≒99.174m²

1평≒1보≒3.3058m²

➡ 집터나 가옥의 면적(땅의 넓이)

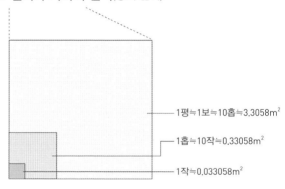

1평≒1보≒10홉≒3.3058m²

1홉≒10작≒0.33058m²

1작≒0.033058m²

➡ 국제단위계와 병용하도록 인정받은 표현

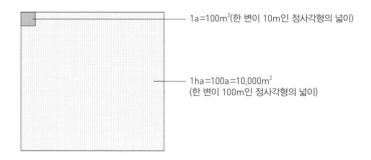

1a=100m²(한 변이 10m인 정사각형의 넓이)

1ha=100a=10,000m²
(한 변이 100m인 정사각형의 넓이)

야드-파운드법을 사용한 곳은 느긋하다?

m^2　ac

척관법에 따른 넓이의 단위는 생활에 뿌리 내렸다는 섬에서 식삼석으로 알기 쉽다는 장점이 있지만, 범용성은 아무래도 떨어집니다. 그 때문에 척관법을 잘 다루기 위해서는 익숙해져야 할 필요가 있습니다.

국제단위계의 m^2를 사용하면 '한 변이 ○○m인 정사각형의 넓이'라고 나타낼 수 있어서 쉽게 계산할 수 있습니다. 제1장에서 소개한 조립단위를 사용할 수 있기 때문이지요.

제3장에서는 야드-파운드법에 따른 길이 단위를 소개했는데, 이것으로 넓이를 나타내면 ac라는 단위가 됩니다. 1ac는 한 변이 208.71ft인 정사각형의 넓이와 같으며 0.4ha에 상당합니다. 그러나 국제단위계의 m^2에 익숙한 우리는 야드-파운드법과 비교를 해봐도 체감할 수가 없습니다.

원래 ac라는 단위는 '수소 두 마리가 이끄는 쟁기를 써서 한 사람이 하루 동안 경작할 수 있는 면적'으로 정의되었기 때문에 '상당히 느슨한 단위'라고 할 수 있습니다. 영국과 미국은 단위의 정의가 서로 다른 데다가, 미국에서도 '국제 에이커'와 '측량 에이커'가 따로 존재하기 때문에 미터법에 익숙한 우리는 더더욱 쓰기 힘든 단위입니다.

ac라는 단위가 무엇인지 공부해보면 국제단위계가 아주 합리적이고 계산하기도 쉽다는 사실을 잘 알 수 있습니다. 그런데 야드-파운드법과 비교하면 척관법이 더 쉽다고 느껴집니다. 역시 우리가 척관법에 익숙하기 때문일 것입니다.

➧ ac에 따른 넓이의 표현

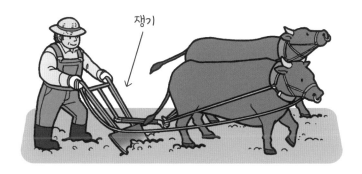

1ac란 원래 수소 두 마리가 이끄는 쟁기를 사용해 한 사람이
하루 동안 경작할 수 있는 넓이를 가리킨다.

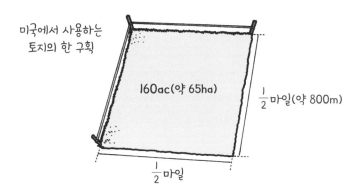

• 1862년에 제정된 '홈스테드법' 또는 '자영농지법'이라 불리는 법률로 정해진 한 구획의 면적. 이
법률은 일정 조건을 충족하면 미국 서부의 미개발 토지를 무상으로 급여한다는 법이다. 1988년
5월에 마지막으로 적용된 후 폐지되었다.

감이 잘 잡히지 않는 원유의 단위?

barrel   gallon   L

현대 사회는 석유 문명이라는 말이 있습니다. 그만큼 인류가 석유라는 자원에 많이 의존한다는 뜻입니다. 그래서인지 원유 가격의 변동이 경제에 큰 영향을 줍니다. 원유의 양을 나타내는 단위로는 barrel(배럴)을 씁니다. 신문이나 뉴스에서 많이 봤을 것입니다.

주류 저장에 사용하는 '나무통'이란 뜻의 단어에서 유래한 이 단위는 대량의 액체 용량을 나타낼 것이라고 쉽게 추측할 수는 있지만, 야드-파운드법을 따른 표현이자 우리가 일상생활에서 사용하는 단위가 아니기 때문에 이미지를 떠올리기가 어렵습니다.

1barrel은 '석유용'일 때는 42U.S. fluid gallon(미국 액량 갤런)이고 국제단위계 병용 단위를 사용해 나타내면 약 159L에 상당합니다.(단순히 미국 갤런, 즉 U.S. gal/USG라고 하면 미국 액량 갤런을 가리킵니다.) 석유용이라고 명기한 이유는 '배럴'이든 '갤런'이든 그 목적에 따라 여러 기준이 있기 때문입니다. 국제단위계와 비교해보면 1갤런은 3.5~4.5L 사이이며 최대 용량과 최소 용량이 1L나 차이가 날 정도로 범위가 넓습니다.

원래 야드-파운드법에서 사용되는 gallon(갤런)은 영국에서 지역이나 측정하는 대상에 따라 용량이 제각각이었습니다. 19세기경에 단위가 통일되었지만 그래도 세 종류나 남아 있다고 합니다. 게다가 미국은 그 기준을 답습하면서 다른 기준도 만들어 사용하기 때문에 혼란한 상황에 빠져 있습니다.

상거래를 할 때 여러 단위를 사용하면 불편하겠지만, 장기간에 걸쳐 '대충 그런 것'이라고 받아들여 사용하면 특별히 불편함이나 부적합을 느끼지 못하겠지요. 생각보다 사람들은 허술한 면이 있는 것 같습니다.

일본 오키나와는 보통 1L로 판매되는 음료수를 946mL로 판매한다고 합니다. 이는 $\frac{1}{4}$ 갤런에 상당하며 '쿼터 갤런'이라고 불리는 용량입니다.

➡ barrel(배럴)과 gallon(갤런)의 관계

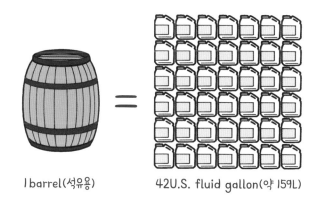

|barrel(석유용)   42U.S. fluid gallon(약 159L)

➡ 다양한 갤런

이 밖에 '와인 갤런' '앨 갤런' '콘 갤런' 등이 있는데, 각각 값이 다른 데다가 영국과 미국에서 정의가 달라서 현재는 일반적으로 사용하지 않는다.

부피를 나타내는 옛 단위

되 홉 작 말 섬

일본에는 1되(升)병, 4홉병 등이 있습니다. 그 이름 그대로 들어가는 양이 1되(1.8039L), 4홉(0.72156L)인 용기입니다. 술이나 간장을 담는 데 사용하는데, 요즘에는 팩이나 페트병을 많이 이용한다고 합니다. 되나 홉은 척관법을 따른 부피 단위인데, 한국과 일본에서 사용했습니다.

척관법에서 부피를 나타내는 단위는 80쪽에서 소개한 면적 단위와 마찬가지로 여러 가지가 있습니다. 그러나 모두 10진법이기 때문에 면적 단위와 비교하면 다루기 쉽습니다.

척관법의 부피 단위는 요즘 많이 쓰지 않기 때문에 익숙하지 않습니다만, 천천히 알아보겠습니다. 1홉은 약 180mL이며 이는 10작에 상당합니다. 1되는 10홉으로 약 1.8L, 1말(斗)은 10되에 해당합니다. 가정집이나 가게에서 석유 난로에 기름을 넣을 때 용량 20L짜리 석유통을 많이 씁니다. 1되가 약 1.8L이고 1말은 10되에 해당하니, 이 석유통을 1말짜리 통이라고 생각해도 됩니다. 10말이 1섬입니다. 따라서 1섬은 180L인데, 원래 섬이란 단위는 곡식의 종류마다 무게가 다릅니다. 쌀은 144kg, 보리쌀은 138kg입니다.

▶ 척관법에 따른 부피 단위

1섬 = 10말
≒ 180.39L

1말 = 10되 ≒ 18.039L

1되 = 10홉 ≒ 1.8039L

1홉 = 10작 ≒ 0.18039L

자동차의 배기량을 나타내는 단위

cc   cm³   L   cu.in.

자동차는 쿠페, 왜건, 세단 등 형태로 분류하거나 승용차, 상용차 등 용도로 분류합니다. 그러나 '배기량'에 따른 분류가 가장 표준입니다. 자동차에 세금을 매기는 기준도 배기량입니다.

배기량은 '엔진이 얼마나 공기(혼합기)를 흡기할 수 있는가'를 나타낸 것으로 엔진의 용량을 뜻합니다. 이 정의를 보면 배기량보다 흡기량이라는 표현이 더 적절하게 보입니다. 국내에서 많이 사용하는 단위는 cc(시시)인데, 이는 국제단위계 단위가 아닙니다. 자동차 제원을 표기할 때 cm^3(세제곱센티미터)를 사용할 때도 있습니다. 원래 cc는 cubic centimetre의 약자이므로 기호가 다를 뿐이지 의미하는 값은 같습니다.

또한 배기량은 L로 표현하는 경우도 있습니다. 배기량이 $1,000cm^3$인 자동차를 '리터카'라고 부르는데, 이는 L라는 단위를 기준으로 한 호칭입니다. L는 국제단위계의 단위는 아니지만 병용이 가능합니다.

여전히 야드-파운드법을 사용하는 미국제 승용차 중 오래된 차는 cu.in.(큐빅 인치)로 표기되어 있기도 합니다. 우리가 듣고 바로 이해할 수 있는 표기는 아니지만, 1in는 2.54cm로 환산할 수 있기 때문에 변환 과정을 거치면 국산차와 비교할 수 있습니다. 또한 자동차와 관련한 단위 가운데 '마력'이 있는데, 이 단위는 제7장에서 소개하겠습니다.

▶ 배기량의 단위

대형 승용차의 엔진

5,999cc
= 5,999cm^3
= 약 6L

경자동차의 엔진

659cc
= 659cm^3
= 약 0.66L

드라이어의 배기량 XXXcc

애초에 흡기량을
의미해서 성능을
파악하는 단서가
될 수는 없겠네요.

온도? 시간? 아니, 각도 단위입니다

도   분   초   gon   grade   gradian

도(度), 분(分), 초(秒)라는 단위를 들으면 무엇이 떠오르나요? 대부분 온도와 시간을 떠올리지 않을까요? 그러나 이 세 가지 단위가 나열되어 있다면 그것은 각도를 나타내는 단위입니다. 초등학생이나 중학생들에게 길이를 재는 자와 삼각자, 각도기는 신의 3종 세트라고 할 수 있겠지요. 이 중 각도기로 각도를 잴 수 있습니다.

일반적인 각도기는 원을 360등분하기 때문에 '어느 정도의 각도인가'를 표현하는 도라는 단위밖에 사용하지 않지만, 더 엄격하게 측정해야 할 때는 1도를 60등분한 분, 1분을 또 60등분한 초까지 사용합니다. 시각과 마찬가지로 60진법입니다. 이 단위는 각각 degree, minute, second의 머리글자를 따서 DMS라고 불립니다. 도는 °, 분은 ′, 초는 ″라는 기호를 써서 표현합니다. 시간을 표현할 때와 같네요.

분이나 초는 둘째 치고 우리는 각도를 표현할 때 '○도'라고 말합니다. 그러나 의외로 이 단위는 국제단위계가 아니라 SI 병용 단위입니다. 국제단위계는 아니지만 10진수로 각도를 나타내는 gon(곤)이라는 단위도 있습니다. 1gon은 직각(90도)의 100분의 1(0.9도)을 뜻합니다. 이것과 같은 뜻을 가진 것으로 '경사'나 '기울기'라는 뜻을 가진 grade(그레이드), gradian(그라디안)이라는 단위도 있습니다. 각도를 나타내는 SI 단위에 대해서는 다음에 소개하겠습니다.

한편 '분도기' 하면 180도까지 측정할 수 있는 반원 모양(반원 각도기)이 일반적인데, 360도를 측정할 수 있는 '전원 각도기'라는 것도 있습니다.

▶ 각도를 측정하는 이런저런 도구

가장 일반적인
'반원 각도기'

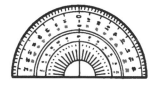

제도 같은 전문 분야에서
사용하는 '전원 각도기'

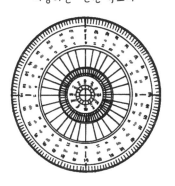

측량에 사용되는 '트랜싯'

원그래프를 작성할 때
편리한 '비율 각도기'

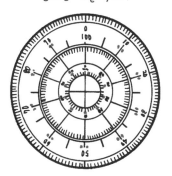

• 트랜싯은 세오돌라이트 경위의라고도 한다.

사이좋게 케이크를 나눌 수 있는 단위?

rad   sr

생일 케이크처럼 원기둥 모양 케이크를 정확하게 나누기 위해서는 rad(라디안)이라는 단위를 사용합니다. 이는 m를 기본으로 한 조립단위로 평면의 각도를 나타내는 데 사용합니다.

실제로는 평면의 원에서 원의 중심각과 그에 대한 호의 길이는 비례하기 때문에 일단 실을 케이크 원둘레를 따라 두른 다음 떼서, 인원수 분량의 길이만큼 분할해 표시를 해둡니다. 다시 그 실을 케이크에 두르고, 미리 해놨던 표시를 따라 케이크에 표시합니다. 그 표시를 따라 중심 부분에서 나이프로 자르면 됩니다.

이 과정을 계산하려면 각도의 비율을 나타내는 rad이라는 단위를 사용합니다. 1rad은 '호의 길이가 반지름과 같아질 때의 중심각'을 뜻합니다. 앞서 소개했던 각도 표기(도수법)에 대응해 '호도법'이라고도 불립니다. 또한 원뿔 같은 입체각을 표현하려면 sr(스테라디안)이라는 단위를 사용합니다. 1sr은 구 표면적의 겉넓이가 (구의) 반지름의 제곱이 될 때의 각도입니다.

한편 한국에서는 인원수에 맞춰서 케이크를 미리 잘라 나눠 주는데, 스웨덴에서는 케이크를 돌려 각자 먹고 싶은 만큼 자른다고 합니다. 합리적인 방법일지도 모르겠네요.

➧ rad(라디안)과 sr(스테라디안)

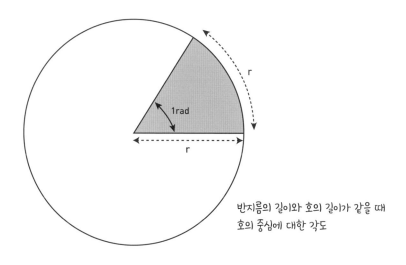

1rad

r

r

반지름의 길이와 호의 길이가 같을 때
호의 중심에 대한 각도

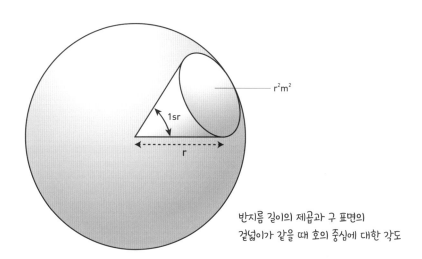

r^2m^2

1sr

r

반지름 길이의 제곱과 구 표면의
겉넓이가 같을 때 호의 중심에 대한 각도

• sr은 '방사속' 계측 단위로 사용된다.

장충체육관의 몇 배? 추억 속의 단위

'매우 넓다.' 혹은 '무척 넓다.'라는 말을 하고 싶을 때, '장충체육관 몇 개분'이라는 관용적 표현을 쓸 때가 있었습니다. 요즘은 잘 쓰지 않아서, 이 표현 자체가 낯선 분들도 있겠네요. 물론 이는 국제단위계 단위가 아닙니다.

매우 광대한 토지나 아주 큰 부피를 가진 것은 정확한 값을 말한다 해도 그 크기를 상상하기가 어렵습니다. 그래서 한국의 첫 돔구장인 장충체육관(연면적: 11,399.2m², 부피: 약 76,870m³)을 기준으로 삼아 가늠하고자 하는 사물의 넓이나 크기, 용량 등을 직관적으로 떠올릴 수 있도록 표현했던 것입니다.

입장해본 적이 없는 분도 많겠지만, 체육관인 만큼 넓이는 대충 상상이 가능할 것입니다. 또한 돔구장이기 때문에 넓이뿐 아니라 부피 단위로도 사용할 수 있다는 장점이 있습니다. 이렇게 생각해보면 꽤 편리한 단위지요. 아쉽게도 외국인에게 설명할 때는 사용할 수 없는 상황도 많이 있겠지만 말입니다.

• 외국인은 이해할 수 있을까?

How big is this field?

Roughly the size of three JANGCHUNG ARENA.

| 제6장 |

시간과 속도의 단위

평소에 시간을 전혀 신경 쓰지 않는 날은
별로 없겠지요? 우리는 시간과 관련해서 여러
생각을 합니다. 아침에는 몇 시에 일어나는가?
전철 시간은? 일은 몇 시부터? 이 장에서는 역시
신경 쓰지 않고는 못 배기는 시간과 현대에
요구되는 일이 많은 속도 단위를 알아보겠습니다.

여러분의 시계는 정확합니까?

KST   UTC   GMT

지금 당신 주변에 있는 시계의 시각은 정확한가요? 전파시계나 스마트폰 시계는 분명 정확한 시각을 나타낼 것입니다. 정말 세상이 편리해졌지요.

전자시계나 스마트폰 시계 없이 스스로 시각을 맞춰야 한다면 어떻게 해야 할까요? 텔레비전에 표시되는 시간을 볼까요? 아니면 116에 전화를 걸어 시간 안내를 들어야 할까요? 그럼 그 시각은 왜 정확할까요? 이유는 간단합니다. KST(대한민국표준시)를 알려주기 때문입니다.

대한민국표준시는 한국표준과학연구원의 시간표준그룹에서 생성하고 유지합니다. 국제적으로 정해진 초의 정의(61쪽 참고)에 따라 '세슘 원자 분수 시계' 같은 표준기를 운용합니다. 재미있는 점은 대한민국표준시와 일본표준시의 기준이 동경 135도로 같다는 것입니다. UTC(협정세계시)에 9시간을 더한 시간대입니다.

한국표준과학연구원은 HLA라는 호출부호로 표준전파를 송출하고 있으며 1990년부터 24시간 송출 중입니다. 방송국이 내보내는 시각이나 전화 안내 서비스의 토대가 되는 시계는 바로 이 표준전파를 수신해 대한민국표준시에 맞춘 것입니다. 또한 2019년 12월부터는 장파(65kHz)를 이용한 표준시 송출 시험 방송을 하고 있습니다. 장파 방송은 안테나 시설 하나의 수신 지역이 반경 수백km에 달하고, 전파 방해 위험이 없습니다.

그렇다면 세계표준시는 어떤 기준을 따를까요? 그것은 아까 말한 협정세계시입니다. 옛날에는 GMT(그리니치평균시)를 사용했는데, 지금은 그리니치평균시를 인공적으로 조정한 시간을 협정세계시로 정했습니다. 실제로 그리니치평균시와 협정세계시는 100년에 18초 정도 어긋난다고 합니다.

1884년에 처음으로 세계표준시를 정했는데, 전 세계에서는 이미 영국의 그리니치를 통과하는 자오선을 기준으로 만든 해도나 지도를 사용하고 있었습니다. 이런 이유로 그리니치를 기준으로 세계표준시를 정했습니다. 이곳을 0도로 하여 동서로 180도 경도가 할당된 것입니다. 동서로 180도씩 할당된다는 것은 지구를 360도 빙글 돌아 경선이 그어진다는 것입니다.

현재 세계 기준은 엄밀히 따지면 협정세계시이지만, 일반적으로 세계표준시를 그리니치평균시로 보는 경우도 많은 듯합니다. 100년에 18초 어긋난다는 것은 거의 같은 시간이라는 뜻이기 때문에 큰 문제는 없습니다.

▶ 협정세계시는 윤초로 조정된다

지난번 윤초는 2017년 1월 1일

한국 시각   →   8시 59분 59초

⬇

8시 59분 60초   ◀ 윤초

⬇

9시 00분 00초

2017년 1월 1일, 2015년 7월 1일, 2012년 7월 1일,
2009년 1월 1일, 2006년 1월 1일, 1999년 1월 1일...

2017년까지 27번 윤초가 조정되었는데,
모두 1초가 더 들어갔습니다.

1년은 365.25일?

율리우스력   태양력(그레고리력)   태음력

보통 '1년은 365일'이라고 하는데, 엄밀히 따지면 약간 다르다는 사실을 알고 있나요? 그렇습니다. '윤년'이 있습니다.

기본적으로 1년은 지구가 태양을 한 바퀴 빙글 돌아 원래 위치로 돌아오기까지의 주기를 기준으로 합니다. 기원전 46년경에 율리우스 카이사르(줄리어스 시저)가 제정한 율리우스력에서는 1년이 365.25일입니다. 즉 365일에 6시간 정도를 더해야 1년입니다. 그래서 4년에 한 번 윤년이 있었습니다. 이 당시에 율리우스력은 매우 정확한 달력이었는데, 그럼에도 4년마다 44분씩 태양의 주기와 어긋나고 말았습니다.

1582년에 그레고리력이 완성되었고, 그 후 지금까지도 쓰고 있는 윤년 계산을 하게 되었습니다. 현재 윤년은 '4로 나누어떨어지는 해는 1년을 366일로 한다. 단, 100으로 나누어떨어지는 해는 365일 그대로 두고, 예외로 400으로 나누어떨어지는 해는 366일로 한다.'라고 정해져 있습니다. 1년은 평균 365.2422일(365일과 약 5.8128시간)이 되었습니다.

1개월의 일수는 이미 기원전 8년부터 현재와 똑같이 1월·3월·5월·7월·8월·10월·12월이 31일, 4월·6월·9월·11월이 30일이었고, 2월은 평년이 28일, 윤년이 29일이었습니다.

우리는 언제부터 그레고리력을 썼을까요? 조선 말기, 고종은 을미개혁의 일환으로 그레고리력을 도입했습니다. 1895년 11월 17일(음력)을 1896년 1월 1일로 하는 역법 개정을 단행한 것입니다. 이를 계기로 이전까지 쓰던 태음력을 폐지하고, 태양력(그레고리력)을 쓰게 되었습니다. 태음력은 달이 차고 이지러지는 과정을 1개월로 하는 달력입니다. 달을 보면 대체적인 날짜를 알 수 있기 때문에 편리하지만, 그대로 쓰면 1년이 점점 어긋나기 때문에 2, 3년에 한 번은 윤달을 넣어야 했습니다. 1개월이나 날짜가 늘어나는 해가 있다니, 무척 대범한 달력이네요.

▶ 율리우스력은 정오부터

눈 깜박하는 순간보다 짧은 시간?

ms μs ns

국제단위계 중 하나인 '초'는 모든 시간의 기준입니다. 누구나 알고 있듯 60초는 1분, 60분은 1시간, 24시간은 하루입니다.

그런데 1초보다 짧은 시간도 있습니다. 이제는 우리 생활에 빠질 수 없는 컴퓨터 내부에서는 인간이 흉내 낼 수 없을 정도로 짧은 시간에 다양한 동작이 일어납니다. 예를 들어 하드디스크에서 데이터를 읽고 쓰는 데 필요한 부품인 '헤드'라 불리는 장치의 이동 시간은 몇 ms(밀리초)라고 합니다. 1ms는 1,000분의 1초이니 몇 ms란 얼마나 빠를까요? 이렇게 놀랄 때가 아닙니다. 컴퓨터 내부에서는 훨씬 더 빠른 시간으로 데이터 처리가 이루어지고 있기 때문입니다. 1ms의 1,000분의 1인 μs(마이크로초)라는 시간 단위도 사용됩니다. 또한 1μs의 1,000분의 1인 ns(나노초)가 있습니다. 여기까지 오면 상상도 할 수 없을 지경입니다.

인간이 컴퓨터 내부의 속도를 따라갈 수 없는 것은 어쩔 수 없지만, 스포츠 세계에서는 1,000분의 1초 단위가 상당히 많이 쓰입니다. 예를 들어 겨울 스포츠인 스피드 스케이팅 경기에서는 100분의 1초 단위로 시각을 표시하지만, 루지나 봅슬레이 등 최고 시속이 120km 이상 나오는 경기에서는 1,000분의 1초, 즉 ms 단위로 시간을 측정한다고 합니다. 봅슬레이는 최고 시속이 130~140km여서 '빙상의 F1'이라고도 불립니다.

모터스포츠인 F1에서도 시간을 1,000분의 1초로 계측합니다. 사진 판정이 불가능하기 때문에 과연 어떻게 계측할까 했더니, 차 안에 '트랜스

폰더'라 불리는 계측기를 싣는다고 합니다. 트랜스폰더의 탑재 위치가 계측 라인을 통과한 순간에 시간이 기록되는 구조입니다. 1997년 유럽 그랑프리 예선에서 1위부터 3위까지 랩타임(lap time. 트랙을 한 바퀴 돌 때 걸리는 시간)이 1,000분의 1초까지 똑같은 적이 있었다고 합니다. 그렇게 빠른 속도로 달리고 1,000분의 1초까지 똑같다니 믿을 수가 없네요. 1,000분의 1초 계측으로도 부족하다면, 더 작은 단위로 시간을 계측하는 시대가 올까요? 그렇게 되면 인간의 감각이 따라가지 못할지도 모르겠습니다.

▶ 눈 깜박하는 동안에…

F1 사상 가장 빠른 속도는 372.6km/h이므로
눈을 깜박이는 동안(300ms)에 31m 이상 움직인다!
빌딩 10층 높이와 비슷하다.

중력을 뿌리치고 우주로 날아가는 속도?

km/h　노트　해리

제1장에서도 나왔지만, 속도는 '거리÷시간'으로 계산하고 그대로 단위가 됩니다. 시속 ○○킬로미터라고 하면 1시간에 몇 km를 움직이는지 나타내고, 단위는 km/h(킬로미터 매 시 또는 킬로미터 퍼 아워)입니다.

　지구 주변을 고도 200km 부근에서 빙글빙글 도는 인공위성은 초속 7.9km로 날고 있습니다. 이 속도는 지구 주변을 한 바퀴 도는 데 약 1시간 반이 걸리고 '제1 우주속도'라고 불립니다. 천리안 1호는 정지 위성이라고 불리지만, 이는 지구에서 봤을 때 정지한 상태, 즉 지구와 똑같은 속도로 돌고 있는 위성이라는 뜻입니다. 지구는 23시간 56분 4초에 한 바퀴씩 자전합니다. 자전 속도에 맞추려면 초속 약 3.08km로 돌아야 합니다. 이 일이 가능한 위치는 적도 위 35,786km 지점밖에 없다고 합니다. 고도가 높은 만큼 속도가 늦어도 지구 중력과 균형을 이루는 것입니다.

　그렇다면 정지가 아니라 우주로 날아가려면 어느 정도의 속도가 필요할까요? 지구 중력을 뿌리치려면 초속 11.2km가 필요하다고 합니다. 이를 '제2 우주속도'라고 합니다. 나아가 태양계에서 빠져나가려면 초속 16.7km가 필요하고, 이를 '제3 우주속도'라고 부릅니다.

　이제 다시 지구로 돌아와서 이번에는 느린 속도를 알아볼까요? 육지를 이동하는 탈것의 속도는 앞서 나온 km/h를 자주 사용하는데, 물 위를 이동하는 탈것의 속도에는 노트(knot)를 사용합니다. 1노트는 1시간에 1해리 (1.852km)를 나가는 속도로 시속 1.852km입니다. 상당히 느리죠. 노트는 영어로 '매듭'이라는 뜻으로 일정한 간격에 매듭을 지은 밧줄을 배에 연결해 배의 속도를 잰 일에서 유래했습니다.

▶ 우주를 누빈 여러 위성과 탐사선의 속도를 비교해볼까요?

발사 연도	이름	속도
1957년	스푸트니크 1호 •인류 최초의 인공위성(구 소비에트 연방)	8km/s(평균)
1973년	스카이랩 •우주 정거장(NASA)	7.77km/s(궤도)
1977년	보이저 1호 •무인 우주 탐사선(NASA)	62,140km/h(최고) 17.0km/s(평균)
1977년	보이저 2호 •무인 우주 탐사선(NASA)	57,890km/h(최고) 15.4km/s(평균)
1986년	미르 •우주 정거장(구 소비에트 연방)	27,700km/h(최고) 7.69km/s(궤도)
1989년	갈릴레오 •목성 탐사선(NASA)	173,800km/h(최고) 48km/s(궤도)
2003년	하야부사 •소행성 탐사선(ISAS 〈현 JAXA〉)	30km/s(평균)
2011년	주노 •목성 탐사선(NASA)	265,000km/h(최고) 0.17km/s(궤도)
2011년	국제 우주 정거장 •우주 정거장(전 15개국)	27,600km/h(최고) 7.66km/s(궤도)

• 국제 우주 정거장은 1999년부터 우주에서 조립해 2011년에 완성했다.

회전수로 무엇을 알 수 있을까?

rps

시간과 속도에 관련한 단위로 회전수(회전 속도)가 있습니다. 일정한 시간 동안 사물이 회전한 횟수를 나타냅니다. 1분당 회전수는 rpm(revolutions per minute), 1초당 회전수는 rps(revolutions per second)를 사용합니다. 컴퓨터 하드디스크나 자동차 엔진 등의 회전수는 일반적으로 rpm을 사용합니다.

자동차나 오토바이의 회전계를 타코미터(tachometer)라고 하는데, 이것을 알면 엔진 회전수를 알 수 있습니다. '타코미터'라는 이름은 그리스어로 '속도'라는 뜻의 takhos에서 유래했습니다. 초기에 나왔던 자동차에는 타코미터가 없어서 운전자는 자신의 감에 의지해서 운전했다고 합니다. 최근 자동차 중에는 타코미터가 달려 있지 않은 경우가 있는데, 운전자가 엔진 회전수를 신경 쓸 필요가 없고 세세한 부분은 자동차에게 모두 맡길 정도로 기술이 발전했다는 뜻일 것입니다.

스포츠 세계에서는 데이터 해석이 점점 중요해지고 있습니다. 예를 들어 야구 경기에서는 타율이나 안타 수, 출루율 등의 데이터를 분석합니다. 구속, 즉 투수가 던진 공의 속도가 화면에 표시되는 모습도 텔레비전에서 자주 봤을 것입니다.

미국 메이저 리그는 2015년부터 'Statcast'라는 시스템을 도입해 즉시 다양한 계측을 할 수 있습니다. 스윙 속도, 타격 각도, 타구 방향 등을 알 수 있고, 구속은 물론 손에서 공이 떨어진 위치부터 공의 회전수까지 알 수 있습니다. 게다가 누구나 이 데이터를 3차원 영상으로 볼 수 있습니다. 투수가 던진 공에는 다양한 종류(구종)가 있는데, 회전수가 많다고 꼭 좋은 것은 아니라서 일부러 회전수를 줄이기도 한다고 합니다.

실제로 투수가 던진 공의 회전수는 어느 정도일까요? 2016년 메이저 리그에서 커브 구종 중 1위를 차지한 공의 최고 회전수는 3,498rpm, 평균 회전수는 2,473rpm이라고 합니다. 1분 동안 3,498바퀴 회전했다는 것은 1초 동안 58.3바퀴를 회전했다는 뜻입니다. 역시나 상상을 뛰어넘는 회전수입니다.

▶ 핸디 타코미터로 회전수 측정하기

중세 시계는 바늘이 하나뿐이었다

최초의 시계는 해시계로 최소 기원전 3,000년 전부터 사용되었던 듯합니다. 그 후 물시계나 모래시계, 무언기를 연소시켜 시간을 재는 불시계·양초시계·램프 시계·향전 등이 만들어졌습니다. 유럽에서 기계식 시계가 만들어진 것은 13세기 말 무렵으로 하루를 24등분한 문자판과 바늘이 달려 있었습니다. 그러나 시곗바늘은 지금 시계의 초침에 해당하는 바늘 하나뿐이었습니다.

게다가 시계가 어디에든 있는 것이 아니라 특정 사원의 탑에만 설치되었기 때문에 아무리 느긋하게 생활하던 당시에도 결국 이런 시계로는 정확한 시간을 알 수 없었습니다. 일반인은 매일 예배 시간을 알리는 종소리를 듣고 시간을 알았다고 합니다.

1500년경, 독일인 페터 헨라인이라는 사람이 태엽을 발명했습니다. 그때까지 쓰던 기계식 시계는 추를 사용해서 움직였기 때문에 무거워서 휴대하기가 힘들었습니다. 태엽을 발명하면서 작은 시계를 만들 수 있게 되었지요. 참고로 시곗바늘이 오른쪽으로 도는 이유는 북반구의 해시계 그림자가 이동하는 방향에 맞췄기 때문이라고 합니다.

제7장

에너지와 관련한 단위

우리가 살아가면서 반드시 필요한 것이
에너지입니다. 이 장에서는 일의 양이나
열량, 풍량 등 에너지를 나타내는
다양한 단위를 소개합니다.

와트는 증기기관을 발명했나?

kW W J

자동차나 오토바이 카탈로그를 보면 최고 출력이라는 항목에 예를 들어 '353kW(480PS)/ 6,400rpm'이라는 숫자가 기재되어 있습니다. 353kW의 kW가 일의 양을 나타내는 단위입니다.(353kW는 353,000W입니다.)

W(와트) 하면 전력 단위라고 생각하는 분이 많은데, 전력이란 '전기가 일한 비율'이라고 생각하면 이해하기 쉬울 것입니다. 1W는 1초 동안 1J(줄) 만큼의 일을 행하는 힘입니다.(112쪽 참고) 여기서는 일정량의 일을 1초 동안 행하는 힘이 W라는 사실만 알면 됩니다. W라는 단위는 나중에 붙여진 단위입니다. 증기기관을 발명했다고 하는 제임스 와트의 이름이 그대로 단위가 됐다는 사실을 아는 분이 많을 것입니다.

사실 증기기관 자체를 발명한 사람은 제임스 와트가 아닙니다. 증기기관은 예로부터 존재했는데, 제임스 와트가 개량하기 전에도 몇 명이 개량을 시도한 상용 증기기관이 있었습니다. 그러나 그 증기기관은 효율이 아주 좋지 않아서 운전하려면 많은 석탄이 필요했습니다. 광산의 배수용 증기기관은 캐낸 석탄의 3분의 1이나 소비했다고 합니다. 이런 증기기관을 약 20년간 개량해서 석탄 소비량을 3분의 1로 줄여도 똑같은 일을 할 수 있게 한 사람이 제임스 와트입니다.

또한 그때까지는 증기기관의 피스톤이 단순히 왕복 운동만 했는데, 제임스 와트는 회전 운동도 할 수 있는 장치를 발명했습니다. 이렇게 해서 비약적으로 효율이 개선되어 증기기관은 다양한 분야에서 사용되었고 '증

기기관은 와트가 발명했다.'라는 주장이 생긴 듯합니다. '실용적인 증기기
관의 발명자'라는 뜻이겠지요. 결국 제임스 와트의 공적을 높이 사서 일의
비율 단위는 W가 되었습니다.

▶ 와트의 여러 가지 발명

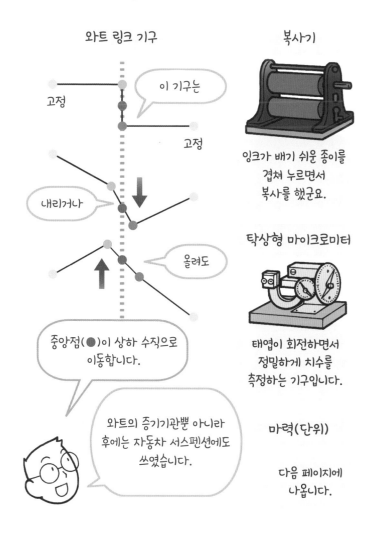

와트 링크 기구

이 기구는

고정

고정

내리거나

올려도

중앙점(●)이 상하 수직으로
이동합니다.

와트의 증기기관뿐 아니라
후에는 자동차 서스펜션에도
쓰였습니다.

복사기

잉크가 배기 쉬운 종이를
겹쳐 누르면서
복사를 했군요.

탁상형 마이크로미터

태엽이 회전하면서
정밀하게 치수를
측정하는 기구입니다.

마력(단위)

다음 페이지에
나옵니다.

영국 말은 힘이 장사?

마력   ft-lb   lb   HP   PS

만약 여러분이 자동차나 오토바이를 좋아한다면 마력이라는 단위를 알 것입니다. 그렇지 않은 사람도 어디선가 들어본 적이 있을지도 모릅니다. 국제단위계의 W를 써야 할 것 같은데, 지금도 업계에서는 자동차나 오토바이의 출력을 나타낼 때 마력을 나타내는 PS 단위를 많이 씁니다. 108쪽에 자동차의 최고 출력이라고 표기한 '480PS'이 마력을 나타냅니다.

1마력이란 대체 어느 정도의 힘을 말할까요? 1마력이란 '1초 동안 75kg중의 힘으로 물체를 수직 방향으로 1m 들어 올렸을 때 일하는 양'을 말합니다. 즉 75kg짜리 바벨을 1초 동안 1m 들어 올리는 것을 뜻합니다. 일반 사람들에게는 힘든 요구입니다. 역시 말은 힘이 장사네요.

그런데 왜 말의 힘을 단위로 썼을까요? 마력이라는 단위를 고안한 사람은 앞서 소개한 W로 익숙한 제임스 와트입니다. 그는 자신이 발명한 증기 기관이 어느 정도의 일을 하는지 나타내려고 당시 최고의 동력원이었던 말을 기준으로 삼기로 했습니다. 그렇게 하려면 말이 어느 정도의 일을 하는지 알아볼 필요가 있었습니다.

와트는 구동 장치에 말을 연결해 일의 비율을 측정했습니다. 그 결과 매 분 33,000ft-lb = 매 초 550ft-lb의 일을 하는 것이 1마력이 되었습니다. 파운드법으로 계산한 이 마력 단위는 HP(영국 마력)인데, 나중에 그것을 미터법으로 환산한 단위가 PS(프랑스 마력)입니다. (HP는 Horse Power의 약자이며 PS는 Pferde Stärke의 약자. 독일어로 Pferde가 말이고 Stärke가 힘을 뜻합니다.)

HP와 PS를 W로 환산하면 1HP는 약 745.7W, 1PS는 약 733.5W로 근소한 차이가 있습니다. 왜 이렇게 됐을까요? 550ft-lb/s(피트 파운드 매 초)를 미터법으로 환산하면 약 76.040225kgf m/s(킬로그램중 미터 매 초)가 되기 때문에 이를 딱 떨어지는 숫자로 정하자고 해서 75kgf m/s가 되었다고 합니다. 영국 말의 힘이 더 강하기 때문은 아닌 듯하네요. 미터법을 사용하는 한국에서는 일반적으로 마력의 단위로 PS를 사용합니다.

마력만 갖고 성능을 알 수는 없지만…

▶ 다양한 마력을 알아보자

	차종의 이름	개요	최고 출력
승용	현대 그랜저 가솔린 3.3	일반 세단	290PS
	현대 아반떼 N TCR	레이싱카	380PS
	제네시스 5.0 리무진 프레스티지	고급 차량	425PS
화물용	볼보 FM(2020)	대형 트럭	500PS
	스카니아 XT 레인지	대형 트럭	770PS
농업용	얀마 YT5113	디자인도 화제가 된 휠 트랙터	113PS
	쿠보타 GENEST M135GE	제4차 배기가스 규제 대응 휠 트랙터	135PS
	이세키 BIG-T7726	대배기량 엔진을 탑재한 휠 트랙터	258.5PS
오토바이	가와사키 Ninja H2	레이스에 사용되는 대형 자동 이륜차(오토바이)	205PS
	야마하 YZF-R1 2015년 모델	슈퍼 스포츠 타입의 대형 자동 이륜차(오토바이)	200PS
	스즈키 GSX-R1000R	슈퍼 스포츠 타입의 대형 자동 이륜차(오토바이)	197PS

줄은 일꾼?

국제단위계에서 일의 양(에너지)에는 J(줄)이라는 단위를 사용합니다. 1J은 '1N의 힘으로 물체를 1m 움직일 때 드는 일의 양'을 나타냅니다. '그래서 그게 얼마야?'라든가 '감이 잘 안 오는데.' 하는 분들이 많을 것입니다. 그래서 예를 하나 들어보겠습니다.

여기에 약간 작은 사과가 있다고 상상해봅니다. 무게가 100g을 조금 넘는 정도입니다.(약 102g) 이 사과를 1m 들어 올리는 모습을 떠올려 봅니다. 이 정도 일의 양이 1J입니다. 앞서 '1W는 1초 동안 1J만큼의 일을 행하는 힘'이라고 했습니다. 그럼 1초 동안 사과를 1m 들어 올리는 힘일까요? 참고로 우리가 평소에 쓰는 AA형 건전지 하나에는 약 1kJ의 에너지가 있다고 합니다.

J은 W와 마찬가지로 인명에서 유래한 단위입니다. 1J의 정의에는 N이 나오는데, N 역시 인명에서 유래한 단위이며, 이들 사이의 관계는 다음과 같습니다.

$1J = 1Nm = 1kg\ m^2/s^2$

단위를 kg m²/s²라고 쓰면 길어서 불편하네요. 그래서 여기에 간단하게 J이란 단위를 붙였습니다. 영국의 물리학자 제임스 프레스콧 줄의 이름에서 따온 단위입니다. 그는 전기와 열의 발전량을 연구했습니다. (뉴턴과 관련한 이야기는 제10장에서 소개하겠습니다.)

J 이외에 에너지를 나타내는 단위로는 erg(에르그)라는 단위가 있습니

다. 단, 이 단위는 국제단위계가 아니며 J로 환산하면 1erg는 1,000만분의 1J입니다.

▶ 줄 열이란 무엇일까?

식량 자급률 계산에는 칼로리를 사용한다

cal   kcal

식품 포장지나 레스토랑 메뉴에는 칼로리 표시가 있습니다. 한 번 보면 신경이 쓰인다는 분도 적지 않을 것입니다. 사실 cal(칼로리)라는 단위는 국제적으로 되도록 쓰지 말라고 합니다.

1cal는 1g의 물을 1℃ 올리는 데 필요한 열량입니다. 그런데 국제단위계의 열량 단위는 J이기 때문에 가능하면 J을 사용하라는 뜻입니다. 엄밀히 따지면 물의 온도에 따라 필요한 열량이 바뀌기 때문에 표준 칼로리에서는 14.5℃를 15.5℃로 올리는 열량으로 정해져 있는데, 표준 칼로리인 1cal는 4.1850J이라고 합니다.

그런데 일본은 식량 자급률을 계산할 때 칼로리를 바탕으로 합니다. 즉 한 사람의 하루당 국산 공급 열량을 한 사람의 하루당 공급 열량으로 나눠서 계산합니다. 예를 들어 한 사람의 하루당 국산 공급 열량이 913kcal라고 해봅시다. 이때 한 사람의 하루당 공급 열량이 2,429kcal이면, 913÷2,429이기 때문에 식량 자급률은 약 38%가 됩니다.

참고로 식량 자급률을 계산하는 방법에는 생산액을 기본으로 계산할 수도 있습니다. 식량의 국내 생산 금액을 식량의 국내 소비액(국내 시장에서 1년 동안 유통된 식량의 금액. 국내 생산액＋수입액－수출액－재고 증가액)으로 나눕니다. 예를 들어 국내 생산액이 10조 원, 국내 소비액이 16조 원이라면 62.5%라는 계산 결과가 나옵니다.

한국에서는 식량 자급률을 사료용 소비를 제외한 국내 식량 소비량 대비 국내 생산량의 비율로 계산합니다. 2018년 한국의 식량 자급률은 47% 정도인데 1970년대 자급률이 80%에 가까웠다는 사실과 비교하면, 갈수록 식량 자급률이 떨어지고 있다는 사실을 알 수 있습니다. 식량 자급이 가능한 나라는 많지 않습니다. 미국, 프랑스, 아르헨티나, 캐나다 등인데 필리핀 같은 나라는 식량을 수출하는 나라였다가 지금은 수입국으로 변했습니다.

▶ 각국의 곡물 자급률(2016~2018년 평균)

국가명	곡물 자급률
우크라이나	302.8
호주	251.7
캐나다	177.4
미국	124.7
중국	98.9
일본	26.7
한국	22.5

한국뿐 아니라 동아시아 국가는 자급률이 갈수록 떨어지고 있습니다.

• 출처: 〈통계로 본 세계 속의 한국 농업(2020)〉,
한국농촌경제연구원

에너지를 만들어내는 발전소

W　Wh　kWh

우리 생활에서 없어서는 안 되는 것 중 하나가 전력입니다. 발전소 또는 발전기가 만드는 전력의 능력은 시간당 발전량(단위는 W)으로 나타냅니다. 예를 들어 100W짜리 발전기를 5시간 운전했을 때의 발전량은 500Wh(와트시)입니다. 한국의 2019년 연간 발전 전력량을 에너지원별로 살펴보면 원자력 145,910GWh, 화력 375,031GWh, 신재생 및 기타 38,641GWh입니다. (1GWh = 1,000MWh = 1,000,000kWh)

세상에는 다양한 발전소가 있지만, 각각 장단점이 있는 듯합니다. 예를 들어 수력발전은 물이 떨어지는 힘으로 전기를 만들기 때문에 이산화탄소를 배출하지 않고 발전량을 조절하기도 쉽습니다. 한편 댐을 만들기 위한 초기 비용이 높고, 자연을 파괴하는 문제도 생깁니다.

화력발전은 대량으로 전기를 만들 수 있고 발전량 조절도 쉽지만 이산화탄소를 배출합니다. 한국 같은 경우에는 발전에 쓰는 연료 대부분을 수입합니다. 전체 발전량 중 가장 비중이 높은 화력발전에 쓰는 화석연료는 물론이고 원자력발전에 쓰는 우라늄도 외국산이라고 생각하면 됩니다.

원자력발전은 적은 연료로 대량의 전력을 만들 수 있으며 발전할 때 이산화탄소를 배출하지 않습니다. 다만 일본에서 발생한 후쿠시마 원전 사고로 알게 됐듯이 잠재적 위험성이 늘 도사리고, 방사성 폐기물을 처리하는 문제도 있어서 안전성이 우려됩니다.

이런 문제로 신재생에너지가 최근 주목받고 있습니다. 신재생에너지란 보통 바람이나 태양의 에너지를 이용한 발전을 가리킵니다. 물론 여기에도 단점은 있습니다. 풍력발전은 이산화탄소를 배출하지 않고 연료도 필요 없지만, 바람이 약하면 전기를 만들 수 없습니다. 태양광발전은 이산화탄소를 배출하지 않지만, 많은 전력을 만들려면 넓은 토지가 필요하며 밤중이나 비가 오는 날에 전력을 만들 수 없습니다. 이처럼 어느 발전 방법이든 장점과 단점이 있습니다. 연료를 사용하지 않고 이산화탄소도 배출하지 않으면서 안전하게 대량의 전력을 만드는 방법이 있으면 좋겠지만 말이지요.

▶ 세계 각국의 전력 소비량

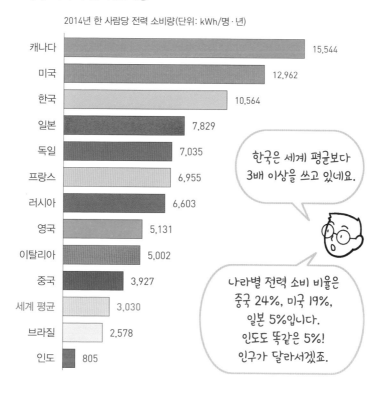

2014년 한 사람당 전력 소비량(단위: kWh/명·년)

국가	소비량
캐나다	15,544
미국	12,962
한국	10,564
일본	7,829
독일	7,035
프랑스	6,955
러시아	6,603
영국	5,131
이탈리아	5,002
중국	3,927
세계 평균	3,030
브라질	2,578
인도	805

한국은 세계 평균보다 3배 이상을 쓰고 있네요.

나라별 전력 소비 비율은 중국 24%, 미국 19%, 일본 5%입니다. 인도도 똑같은 5%! 인구가 달라서겠죠.

태풍을 가늠하는 단위

m/s   풍력 계급

태풍의 강도는 '최대 풍속'이 기준입니다. 풍속은 글자 그대로 바람이 부는 속도를 말하는데, 단위는 m/s(미터 매 초/미터 퍼 세크)를 사용합니다. 단, 바람이 부는 모습은 일정하지 않기 때문에 평균값을 이용합니다. 기상청의 풍속계는 0.25초마다 풍속을 측정하는데, 이 데이터를 이용해 10초 동안의 평균값을 냅니다. 1분 동안 이 과정을 반복하면 풍속 평균값 6개가 나옵니다. 이를 다시 평균한 값을 최종적으로 컴퓨터에 보냅니다. 평균을 계산하기 위한 각각의 측정값을 '순간 풍속'이라고 부르며, 그중 최댓값을 '최대 순간 풍속'이라고 합니다. 평균을 낸 값 중에서 최댓값을 '최대 풍속'이라고 부릅니다.

태풍의 강도는 중, 강, 매우 강, 초강력으로 구분합니다. 최대 풍속이 25m/s 이상 33m/s 미만이면 중, 33m/s 이상 44m/s 미만이면 강, 44m/s 이상 54m/s 미만이면 매우 강, 54m/s 이상이면 초강력이라고 합니다.

풍속계가 없을 때 풍속의 정도를 눈대중으로 헤아리기 위해 풍속을 계급별로 나눈 것이 풍력 계급입니다. 현재는 '보퍼트 풍력 계급'을 널리 사용합니다. 이는 영국의 해군 사령관인 프랜시스 보퍼트가 1805년에 고안한 것으로, 곧 개량되어 1964년에 풍력을 가늠하는 기준으로 여러 기상 관측 기관이 채택했습니다. 풍력을 0~12까지 13단계로 분류했으며 계급별로 육상이나 해상의 모습, 풍속이 표시되어 있습니다.

태풍을 나타내는 것에는 강도 외에도 '크기'가 있습니다. 풍속이 15m/s

이상인 강풍 반경이 300km 미만이면 소형, 300km 이상 500km 미만이면
중형, 500km 이상 800km 미만이면 대형, 800km 이상이면 초대형입니다.

▶ 보퍼트 풍력 계급

풍력 계급 (풍급)	풍속(m/s)	영어	한국어	육지 상태
0	0~0.3	calm	고요	연기가 수직으로 올라감
1	0.3~1.6	light air	실바람	풍향은 연기가 날리는 것으로 알 수 있으나 풍향계는 움직이지 않음
2	1.6~3.4	light breeze	남실바람	바람이 얼굴에 느껴지고 나뭇잎이 흔들리며 풍향계도 움직이기 시작함
3	3.4~5.5	gentle breeze	산들바람	나뭇잎과 가는 가지가 끊임없이 흔들리고 깃발이 가볍게 날림
4	5.5~8.0	moderate breeze	건들바람	먼지가 일고 종잇조각이 날리며 작은 가지가 흔들림
5	8.0~10.8	fresh breeze	흔들바람	잎이 무성한 작은 나무 전체가 흔들리고 호수에 물결이 일어남
6	10.8~13.9	strong breeze	된바람	큰 나뭇가지가 흔들리고 전선이 울리며 우산받기가 곤란함
7	13.9~17.2	moderate gale	센바람	나무 전체가 흔들리며 바람을 마주 보고 걷기가 어려움
8	17.2~20.8	fresh gale	큰바람	작은 나뭇가지가 꺾이며 바람을 마주 보고 걸을 수가 없음
9	20.8~24.5	strong gale	큰센바람	가옥에 다소 손해가 있고, 굴뚝이 넘어지며 기와가 벗겨짐
10	24.5~28.5	whole gale	노대바람	내륙 지방에서는 보기 드물고, 수목이 뿌리째 뽑히며 가옥에 큰 손해가 발생함
11	28.5~32.7	violent storm	왕바람	이런 현상이 생기는 일은 거의 없고 넓은 범위의 파괴가 동반됨
12	32.7~	hurricane	싹쓸바람	피해가 더 커짐

지진 에너지의 단위는?

진도 *M*

대부분 알고 있겠지만, '지진이 어느 정도인가'를 전달하고 싶을 때는 진도나 *M*(매그니튜드)를 사용합니다.

진도는 어느 지점에서 지진으로 어느 정도 흔들렸는지 나타내는 단위인데, 한국 기상청은 2000년까지 일본 기상청이 만든 진도 계급을 이용하다가 2001년부터 '수정 메르칼리 진도 계급'을 사용 중입니다. 진도 계급이 12단계이며 표기는 로마자로 합니다.

진도가 있는 지점에서 얼마나 크게 흔들렸는지를 나타내는 데 *M*이란 단위를 쓰기도 하는데, 이는 지진의 규모를 나타냅니다. 미국의 지진학자 찰스 프랜시스 리히터가 고안했습니다. 리히터는 진원에서 100km 떨어진 지진계 중에서 최댓값을 기록한 것의 바늘이 흔들리는 폭을 *M*이라고 했습니다. 그때 흔들리는 폭을 그대로 값으로 나타내지 않고 숫자의 자릿수를 *M*으로 하여 큰 지진이라도 적은 자릿수로 나타낼 수 있도록 궁리했습니다. 그 덕분에 *M*이 1 늘어나면 지진 에너지는 약 32배, 2 늘어나면 32배의 32배가 되기 때문에 약 1,000배 늘어납니다.

일반적으로 사용하는 *M*는 8.5 이상 나타낼 수 없기에 진원이 된 단층이 어긋난 양이나 면적, 단층 부근 암반의 성질 등으로 구하는 '모멘트 매그니튜드'를 사용하는 일도 있습니다. 단, 이들은 지진파를 장시간 관측해야 하므로 지진 속보에 사용하지는 못합니다. 그 대신 아무리 큰 지진이라도 나타낼 수 있기 때문에 대규모 지진이 일어났을 때 유용합니다.

➡ 진도와 M의 차이

진도는 진원의 깊이나 지형, 지질에도 영향을 받지만,
멀어질수록 작아진다.

진도9   진도6   진도2

매그니튜드
M7 ✖ 진원

➡ 수정 메르칼리 진도 계급

진도값	진도 설명
I.	대부분 사람들은 느낄 수 없으나, 지진계에는 기록된다.
II.	조용한 상태나 건물 위층에 있는 소수의 사람만 느낀다.
III.	실내, 특히 건물 위층에 있는 사람이 현저하게 느끼며, 정지하고 있는 차가 약간 흔들린다.
IV.	실내에서 많은 사람이 느끼고, 밤에는 잠에서 깨기도 하며, 그릇과 창문 등이 흔들린다.
V.	거의 모든 사람이 진동을 느끼고, 그릇과 창문 등이 깨지기도 하며, 불안정한 물체는 넘어진다.
VI.	모든 사람이 느끼고, 일부 무거운 가구가 움직이며, 벽의 석회가 떨어지기도 한다.
VII.	일반 건물에 약간의 피해가 발생하며, 부실한 건물에는 상당한 피해가 발생한다.
VIII.	일반 건물에 부분적 붕괴 등 상당한 피해가 발생하며, 부실한 건물에는 심각한 피해가 발생한다.
IX.	잘 설계된 건물에도 상당한 피해가 발생하며, 일반 건축물에는 붕괴 등 큰 피해가 발생한다.
X.	대부분의 석조 및 골조 건물이 파괴되고, 기차선로가 휘어진다.
XI.	남아 있는 구조물이 거의 없으며, 다리가 무너지고, 기차선로가 심각하게 휘어진다.
XII.	모든 것이 피해를 입고, 지표면이 심각하게 뒤틀리며, 물체가 공중으로 튀어 오른다.

풍력 에너지로 활약하는 히어로

특수촬영물이라는 독특한 장르가 있습니다. 1990년대 한국에서 인기를 끈 〈지구용사 벡터맨〉 역시 유명한 특수촬영물 시리즈입니다. 조금 생소할지 모르겠지만 〈가면라이더〉라는 꽤 유명한 시리즈도 있습니다. 그런데 가면라이더는 바람의 힘을 이용해 변신합니다.

초기 가면라이더 1호는 벨트의 풍차(타이푼)에 바람을 받아 가면라이더로 변신합니다. 타이푼이 받은 풍력 에너지로 체내의 소형 원자로를 가동해 동력원으로 쓴다고 합니다. 바람을 받기 위해 오토바이를 타거나 빌딩에서 뛰어내리기도 했지요.

다음에 등장하는 2호는 점프를 한 번 하면 그때 받은 풍력으로 변신했는데, 바람을 받아 변신할 뿐만 아니라 벨트에 풍력을 저장하는 기능이 있었다고 합니다. 이것은 바람이 불지 않아도 변신할 수 있도록 만든 기능인 듯한데, 풍력을 모아둘 수 있다면 얼마나 편리할까요.

최근에는 전력을 축적 시스템에 저장해둘 수 있으면서도 의외로 저렴한 가정용 풍력발전기도 나온 듯합니다. 풍력발전만 써서 모든 전력을 공급하기란 어려울지도 모르지만, 태양광발전과 함께 사용하면 썩 괜찮은 성능을 발휘할지 모릅니다. 그때가 되면, 한 가정에서 1대 정도는 마련해두는 시대가 오지 않을까요?

• 풍력발전기

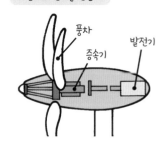

바람으로 전기를 만든다.

풍차 / 증속기 / 발전기

제8장

눈에 보이지 않는 소리와
온도를 나타내는 단위

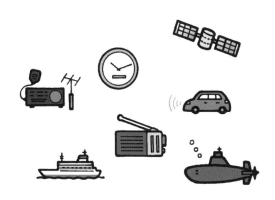

환청이라는 말이 있듯 인간의 청각이란 때때로
아주 두루뭉술합니다. 이 장에서는 두루뭉술한
청각으로 느끼는 소리를 나타내는 단위, 그리고
온도를 나타내는 단위를 소개하고자 합니다.

모기 소리는 몇 데시벨일까?

dB   phon   sone

인간이 소리를 들을 수 있는 이유는 공기가 있기 때문입니다. 귀가 포착하는 공기의 진동이 바로 소리의 정체입니다. 이 진동의 강도를 '음압'이라고 하며 음압의 레벨을 나타낼 때는 dB(데시벨)이라는 단위를 씁니다. 여기서 '레벨'이라고 했는데, dB은 음압을 측정한 값 그 자체가 아니라 인간의 귀에 들린 음압을 비교하는 기준입니다.

인간의 귀에 들리는 최소한의 음압을 0dB이라 하고, 거기서 10배(20dB)마다 레벨을 설정합니다. 10배마다 설정한 이유는 음압이 10배일 때 인간의 귀에는 2배 크기로 들리기 때문입니다. 그리고 음압에는 단순히 덧셈을 쓸 수 없습니다. 예를 들어 80dB의 청소기를 같은 장소에서 2대 동시에 사용하면, 음압은 160dB이 아니라 83dB 정도가 됩니다.

이처럼 dB은 비율을 나타내는 단위이므로 음압 이외에 전기 분야에도 사용합니다. 애초에 '데시벨'의 근거가 되는 단위인 '벨'은 전화를 발명한 것으로 유명한 알렉산더 그레이엄 벨이 전력의 전송 감쇠를 나타내는 단위로 사용했습니다. 벨 단위를 그대로 쓰면 변화량이 너무 커서 알기 힘들기에 10분의 1을 뜻하는 접두사 '데시'를 붙여서 '데시벨'이라는 단위를 쓰게 된 것입니다.

소리와 관련된 단위로 dB 이외에는 소리의 크기 레벨을 나타내는 phon(폰)이라는 단위가 있습니다. 이는 주파수 1,000Hz(헤르츠)에 해당하는 순음(진동수가 단일한 소리)을 들었을 때의 음압을 나타낸 것입니다. 인간의 귀로는 같은 데시벨 소리라도 주파수에 따라 크기가 다르게 들리는데, 정상적인 청력을 가진 사람이 들었을 때, 같은 크기로 들리는 소리의 기준이 주파수 1,000Hz의 순음이라는 뜻입니다.

그 밖에 40phon에 해당하는 소리 크기를 기준으로 해서 그보다 몇 배의 크기로 들리는지를 나타내는 sone(손)이라는 단위도 있습니다. 이 단위는 가전제품의 소리 크기를 나타내는 감각적인 척도로 사용합니다. 소리는 인간의 감각에 상당히 좌우되기 때문에 확실한 값을 나타내기란 어려울지도 모르겠습니다.

▶ 소음과 음압 레벨

데시벨	소음의 예	체감 상태
10	인간의 호흡	매우 고요(0 ~ 20dB)
20	나뭇잎이 스치는 소리	
	탁상시계의 초침 소리(1m 거리)	고요
30	교외의 심야	(20~40dB)
	속삭이는 소리	
40	도서관	보통
	조용한 주택지의 낮	(40~60dB)
50	조용한 사무실	
60	조용한 승용차	
	일반 대화	
	전화벨	떠들썩하다
70	떠들썩한 사무실 안	(60~80dB)
	이불 터는 소리	
80	지하철 안	
	개 짖는 소리	아주 떠들썩하다
90	큰 목소리의 독창	(80~100dB)
	시끄러운 공장 안	
100	전철이 지나갈 때의 가드 밑	
110	오케스트라의 포르티시모	귀가 아프다
120	항공기 엔진 근처	(100~130dB)
130	대포 발사	

소리를 얼마나 차단할 수 있을까?

Rw   C값   투과손실값

일상에서 아무 소리도 나지 않는 상황이 얼마나 될까요? 귀가 편안하고 듣기 좋은 소리도 있지만, 반대로 소음이라는 것도 있습니다. 건축 분야에는 차음이나 소음 기준이 몇 단계로 정해져 있는데, 소리(음압)의 레벨을 나타내는 데 dB을 사용합니다.

건축물에 사용하는 경계벽이나 칸막이벽의 차음 성능, 즉 소리를 얼마나 차단하는지를 평가하려면 먼저 투과손실값을 측정해야 합니다. 보통 벽을 사이에 둔 방 두 곳에서 측정합니다. 한쪽 방에서 소리를 발생시키고, 두 방의 음압 레벨이 얼마나 차이 나는지 평가합니다. 차음 벽에 의해 얼마나 음압이 줄었는지를 알아내는 작업입니다.

이때 측정한 투과손실값(두방 사이에 발생한 음압 레벨의 차이를 이용해 얻은 값)을 한국산업규격(KS F 2862)에서 규정한 Rw라는 단일수치평가량으로 평가합니다. 설명이 조금 어려운데, 벽의 차음 성능을 객관적으로 측정하려고 특정한 기준에 따라 측정값을 계산한다고 생각하면 편합니다. 이렇게 얻은 Rw에 C값을 더한 것이 차음 성능을 평가하는 지표가 됩니다. C값은 소음원에 따라 주파수 특성이 다르다는 점을 보정하기 위한 값입니다.

Rw에 C값을 더한 것(단위는 dB)을 기준으로 차음 성능을 1~4등급으로 구분합니다. Rw에 C값을 더한 수치가 63 이상이면 1급, 58이상 63 미만이면 2급, 53이상 58 미만이면 3급, 48 이상 53 미만이면 4급입니다.

▶ 차음 성능 기준

구분	차음 성능의 평가 기준(단위: dB)
1급	$63 \leq Rw + C$ (세대 간 경계벽을 공유하지 않는 경우)
2급	$58 \leq Rw + C < 63$
3급	$53 \leq Rw + C < 58$
4급	$48 \leq Rw + C < 53$

▶ 차음 성능 평가 지표와 소음 체감

$Rw + c \geq 30$	옆집의 소리가 완전히 들림
$Rw + c \geq 40$	옆집의 소리가 약간 들림
$Rw + c \geq 50$	옆집의 큰 소리가 들리고, 음악이 들림
$Rw + c \geq 60$	옆집의 큰 소리가 들리지 않고, 음악도 거의 안 들림

진동수로 결정되는 전파의 용도

Hz

공기로 전해지는 진동 중에서 인간 귀에 들리는 것이 소리인데, 인간 귀에 들리지 않는 것까지 포함해서 공기를 지나가는 진동은 주파수(진동수)로 나타냅니다. 주파수는 1초 동안 진동하는 횟수를 나타내며 단위는 Hz(헤르츠)를 씁니다.

이 단위는 독일의 물리학자 하인리히 루돌프 헤르츠의 이름에서 따왔습니다. 헤르츠는 다양한 실험을 거듭해 전자파를 송수신하는 데 성공한 인물입니다. 이에 따라 그때까지는 추측하기만 했던 전자파의 존재를 증명할 수 있었습니다.

일반적으로 전자파 가운데 주파수가 3THz(테라헤르츠) 이하일 때 전파라고 부릅니다. 그보다 높은 주파수의 전자파로는 적외선, 가시광선, 자외선 등 이른바 빛(사람의 눈에 보이는 가시광선을 빛이라고 부를 때도 있지만, 자연과학 분야에서는 적외선이나 자외선도 포함합니다.)이나 엑스(X)선, 감마(γ)선 등이 있습니다. 앞서 설명한 소리가 공기나 물 등을 통해 귀로 닿는 것과는 달리, 전자파는 공기나 물이 있든 없든 전달됩니다.

우리가 AM 라디오에 사용하는 전파는 중파(MF)라고 합니다. FM 라디오나 텔레비전의 전파는 초단파(VHF)라고 하며, 중파나 단파에 비해 멀리까지 뻗지 못합니다. 그것보다 주파수가 높은 극초단파(UHF)는 휴대폰이나 업무용 무선에 이용하고, 그 밖에 전자레인지나 전자태그 등에도 사용합니다. 더 높은 주파수인 마이크로파(SHF)는 직진하는 성질을 지녔으며 특정 방향으로 발사하는 데 적합합니다. 이 때문에 위성 통신이나 위성 방송에 사용합니다.

전파가 전달되는 속도는 광속인데, 우리가 듣는 소리의 속도는 340m/s 정도입니다. 이런 이유로 근처에서 불꽃 축제를 텔레비전에서 생중계로 보고 있는데, 텔레비전보다 나중에 불꽃이 터지는 소리를 듣는 일이 생기는 것입니다.

▶ 많은 곳에 활용하는 전파

주파수

주파수	종류	활용
3kHz	초장파(VLF)	해저 탐사 등
30kHz	장파(LF)	선박이나 항공기의 항행용 비콘, 전파시계 등
300kHz	중파(MF)	AM 라디오 방송, 아마추어 무선 등
3MHz	단파(HF)	선박이나 국제선 항공기용 통신 등
30MHz	초단파(VHF)	FM 라디오 방송, 경찰 무선 등
300MHz	극초단파(UHF)	휴대폰, 택시 무선, 전자레인지 등
3GHz	마이크로파(SHF)	위성 통신, 위성 방송, 무선 LAN 등
30GHz	밀리파(EHF)	자동차 충돌 방지 레이더 등
300GHz	서브밀리파(THF)	천문 관측에 쓰는 전파망원경
3THz		

당신의 음역은?

옥타브

여러분이 음악을 좋아하지 않는다고 해도 피아노 건반을 본 적은 있을 것입니다. 피아노 건반에는 흰 건반과 검은 건반이 있으며, 검은 건반은 2개씩 또는 3개씩 짝지어져 있습니다. 2개씩 짝진 검은 건반 바로 왼쪽에 있는 흰색 건반이 '도'이며 거기서부터 오른쪽으로 흰 건반을 따라 나가면 '레, 미, 파, 솔, 라, 시'에 해당합니다. '시' 다음에는 다시 '도'부터 음계가 반복됩니다. 이처럼 도에서 다음 도까지의 여덟 음을 옥타브(octave)라고 합니다. 검은 건반의 음계를 반음계라고 하고, 그들을 합치면 모두 12음입니다. 옥타브라는 말은 라틴어로 8번째를 뜻하는 octavus에서 유래했습니다.

음이 바뀐다는 것은 음파의 주파수가 바뀐다는 뜻으로 1옥타브가 올라가면 음파의 주파수는 2배가 됩니다. 예를 들어 어느 건반의 '도' 주파수가 264Hz일 때, 1옥타브 높은 '도'의 주파수는 528Hz가 됩니다. 음악은 잘 모르겠다는 사람도 학교나 백화점 방송이 시작할 때 울리는 '딩동댕' 같은 차임벨 소리라면 떠올릴 수 있지 않을까요? 4가지 음이 들리는데, 각각 주파수는 처음부터 순서대로 '440Hz-550Hz-660Hz-880Hz'가 가장 일반적이라고 합니다. 확실히 첫 음에 비해 마지막 음은 1옥타브 올라갔네요. 참고로 차임벨 소리는 '디너 차임'이라는 악기를 쓰면 간단히 울릴 수 있습니다.

여러분의 음역은 어느 정도인가요? 인간이 낼 수 있는 소리의 범위는

85Hz부터 1,100Hz 정도이기 때문에 3옥타브 정도는 낼 수 있을 것 같지만, 노래를 부른다고 생각하면 일반 사람이 안정된 목소리를 낼 수 있는 범위는 2옥타브 정도라고 합니다. 물론 가수 중에는 3옥타브 이상을 낼 수 있는 사람도 있습니다.

▶ 옥타브의 동료들

8을 뜻하는 octavus가 어원인 단어는 이렇게나 많아요.

문어
(octopus)

팔각형
(octagon)

고대 로마력의 8월
현재의 10월(october)

팔중주(octet)

바이올린   비올라   첼로   콘트라베이스   클라리넷   호른   바순

80대
(octogenarian)

여덟 형제)(octuplet)

우주에서 가장 낮은 온도를 재는 단위

K

절대 온도를 나타내는 단위로 K(켈빈)이 있습니다. 그렇다면 절대 온도란 무엇일까요? 물질을 이루는 분자와 원자는 운동 에너지를 갖고 있으며 끊임없이 진동합니다. 그런데 이 움직임이 멈춘 상태의 온도를 절대 영도라고 합니다. 이것이 0K(제로 켈빈)입니다. 이 온도는 절대 영도이며 우리가 평소에 쓰는 섭씨로 나타내면 −273.15℃입니다. 절대 영도보다 낮은 온도는 세상에 없습니다. 또한 절대 온도의 상한선도 없습니다. 물이 기체, 액체, 고체 상태로 균형을 이루며 공존하는 포인트인 '삼중점'(섭씨로 나타내면 0.01℃)을 273.16K로 정의합니다.

이해하기 어려운 단위 같지만, 절대 온도의 온도 차이인 1K는 우리가 평소에 쓰는 섭씨온도의 온도 차이인 1℃와 같습니다. 따라서 0K가 −273.15℃이고 거기서 온도가 동일하게 차이 나기 때문에, 예를 들어 20℃는 20+273.15=293.15K가 됩니다. −273.15만 외워두면 계산은 비교적 간단합니다.

K이라는 단위 이름이 대문자라는 사실에서 추측할 수 있겠지만, 이 단위는 영국의 물리학자 윌리엄 톰슨의 이름에서 따왔습니다. '아니? 켈빈이 아니잖아?' 하고 생각한 분이 있겠지요? 윌리엄 톰슨은 68세에 업적을 인정받아 켈빈 남작이 되었습니다. 켈빈 남작이 단위 이름의 유래입니다.

국제적으로는 온도 단위로 K를 사용해야 합니다만, 미국과 미얀마 등 몇몇 국가를 제외하면 섭씨온도를 쓰는 일에 익숙합니다. K이 필요할 때는 273.15를 더하면 됩니다.

절대 온도의 단위 K는 액체, 고체, 기체의 열역학 온도를 나타내는 것 외에도 빛의 색에 사용될 때가 있습니다. 빛의 색을 온도로 나타낸 것을 '색온도'라고 합니다. 색온도가 낮은 쪽부터 빨간색 → 흰색→ 파란색으로 빛의 색이 변화합니다.

예를 들어 맑은 낮에 하늘빛의 색온도는 5,800~6,000K이고 하얀색에 가까운 색으로 보입니다. 색온도가 7,000K 이상으로 높아지면 파란빛을 띱니다. 반대로 일출 후나 일몰 전의 빛은 색온도가 낮아서 2,300K 이하이며 붉은빛을 띱니다.

▶ 빛의 색온도 기준

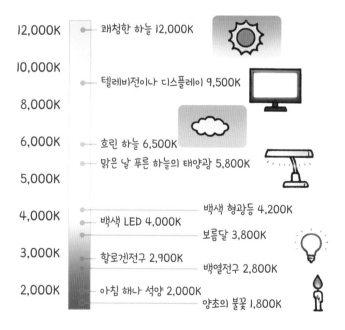

12,000K ● 쾌청한 하늘 12,000K

10,000K ● 텔레비전이나 디스플레이 9,500K

8,000K

6,000K ● 흐린 하늘 6,500K
● 맑은 날 푸른 하늘의 태양광 5,800K
5,000K

4,000K ● 백색 LED 4,000K   백색 형광등 4,200K

3,000K ● 할로겐전구 2,900K   보름달 3,800K
    백열전구 2,800K
2,000K ● 아침 해나 석양 2,000K
    양초의 불꽃 1,800K

단위에 따라 온도가 달라진다?

℃   centigrade   ℉

미국과 몇몇 국가를 제외하면 거의 모든 나라가 기온이나 체온의 기준으로 '섭씨온도'를 사용합니다. 섭씨온도를 고안한 사람은 스웨덴의 천문학자 안데르스 셀시우스로 서양에서는 셀시우스도(The degree Celsius)라고 불립니다. 그의 이름을 중국어로 음차한 攝爾修斯(섭이수사)에 씨(氏)를 붙여 생략한 말이 '섭씨'입니다. 단위 기호가 ℃인 이유는 Celsius의 머리 글자를 땄기 때문입니다. 한국에서는 섭씨나 ℃를 붙이지 않고 '36도'라는 식으로 나타내기도 합니다.

섭씨온도란 '1기압 상태에서 물의 응고점(액체가 응고해 고체가 되는 온도)을 0, 끓는점(액체가 끓어서 기체가 되는 온도)을 100으로 했을 때, 그 사이를 100등분한 온도의 단위'를 말합니다. 사실 셀시우스가 섭씨온도를 고안한 1742년 당시에는 응고점을 100℃, 끓는점을 0℃라고 했는데, 후에 지금 방식으로 다시 만들었다고 합니다. 단위 기호도 초반에는 라틴어로 100보를 뜻하는 centigrade(센티그레이드)였다고 하는데, SI 접두사의 센티와 헷갈리지 않도록 셀시우스의 이름을 따서 현재의 ℃로 변경했다고 합니다.

그런데 시중에 파는 온도계로 측정한 온도가 정확한지는 어떻게 알 수 있을까요? 온도계 제조사는 자신이 만든 온도계가 제대로 작동하는지 알아보려고 '기준 온도계'와 비교합니다. 이 온도계는 경년변화를 거의 일으키지 않는 안정된 재료를 사용해 장인이 일일이 직접 만듭니다. 기준 온도계 하나를 만드는 데 6개월이나 걸린다고 합니다. 기준 온도계를 바탕으로 일반 온도계를 만든 덕분에 우리는 안심하고 온도를 측정할 수 있는 것입니다.

온도 기준으로는 섭씨온도 외에 화씨온도(단위 기호는 °F)가 있습니다. 독일의 물리학자 가브리엘 파렌하이트가 1724년에 제안했습니다. 미국과 라이베리아 같은 곳에서는 화씨온도를 사용합니다. 화씨온도에서는 물의 응고점을 32도, 끓는점을 212도로 하고 그 중간을 180등분합니다. 화씨는 (화씨온도−32)×5÷9로 계산해 섭씨로 환산할 수 있습니다. 예를 들어 화씨 90도는 (90−32)×5÷9≒32.2(℃)가 됩니다.

▶ 여러 가지 섭씨온도

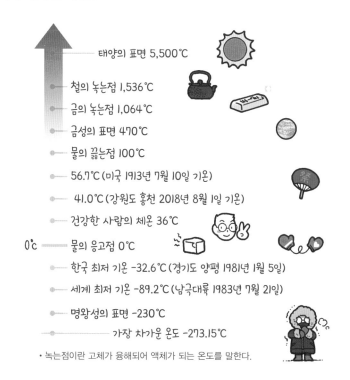

태양의 표면 5,500℃

철의 녹는점 1,536℃

금의 녹는점 1,064℃

금성의 표면 470℃

물의 끓는점 100℃

56.7℃ (미국 1913년 7월 10일 기온)

41.0℃ (강원도 홍천 2018년 8월 1일 기온)

건강한 사람의 체온 36℃

0℃ ━━━ 물의 응고점 0℃

한국 최저 기온 −32.6℃ (경기도 양평 1981년 1월 5일)

세계 최저 기온 −89.2℃ (남극대륙 1983년 7월 21일)

명왕성의 표면 −230℃

가장 차가운 온도 −273.15℃

• 녹는점이란 고체가 융해되어 액체가 되는 온도를 말한다.

소리굽쇠가 망원경의 일그러짐을 조정하다?

악기 조율에 사용하는 소리굽쇠를 알고 있나요? 금속 부분을 두드리면 보통 440kHz의 소리가 울립니다. 소리굽쇠를 발명한 사람은 영국의 '존 쇼어'이며 류트라는 악기를 조율하려고 만들었다고 합니다. 소리굽쇠의 주파수는 항상 안정되어 있어 언제든지 같은 주파수의 소리가 나기 때문에 악기 조율에 사용할 수 있습니다.

이 안정된 주파수를 내보내는 소리굽쇠의 구조는 하와이 마우나케아 산꼭대기에 있는 '스바루 망원경' 반사경의 일그러짐을 보정하기 위한 센서에 사용한다고 합니다. 스바루 망원경의 반사경은 지름이 8.2m로 세상에서 가장 크고 매끄러운 거울입니다. 무게는 23t이나 되는데, 두께가 20cm밖에 되지 않아 쉽게 일그러집니다. 따라서 이 거울을 액튜에이터(actuator)라는 로봇의 손가락 261개가 받치고 있고, 액튜에이터에 소리굽쇠식 센서가 사용된다고 합니다. 거울을 이동할 때 고작 1g의 변화도 감지해야 할 필요가 있는데, 그것을 감지하는 것이 소리굽쇠식 센서입니다. 예전부터 있던 소리굽쇠 구조를 센서에 응용한다니, 훌륭한 아이디어와 기술입니다.

참고로 스바루 망원경의 반사경 청소는 어떻게 할까요? 어마어마한 크기와 무게 때문에 망원경에서 꺼내 씻을 수 없는 노릇입니다. 거울 면 옆에서 -56.6℃의 액체 이산화탄소를 얇은 노즐에서 꺼내면, 기체 상태의 탄산가스와 고체 드라이아이스가 생깁니다. 이 둘을 이용해 먼지를 털어 떨어뜨립니다.

제9장

빛을 표현하는
다양한 단위

빛 하면 무엇이 떠오르나요?
태양이나 달의 빛일까요? 아니면 전기의 빛?
아무튼, 빛은 우리 생활에 없어서는 안 되는
존재입니다. 이 장에서는 다양한 빛을
나타내는 단위를 소개합니다.

양초의 밝기가 기준

cd cp 촉광 gr lb

스스로 빛을 뿜어내는 물체나 기기를 '광원'이라고 부릅니다. 태양이나 여러분 방의 켜져 있는 전등도 광원 중 하나라고 할 수 있습니다.

광원에서 얼마나 되는 빛이 나오는지를 '광도'로 나타내고, 단위로는 cd(칸델라)를 씁니다. '칸델라'라는 말은 라틴어로 짐승의 기름으로 만든 양초를 뜻한다고 합니다. 그리고 양초 한 개의 밝기가 기준이 되었습니다. 여기까지 읽었다면 눈치챘을지 모르겠지만, 이 말은 영어 candle(양초)의 어원입니다.

이 단위는 원래 cp(candle power)라는 단위로 촉광이라고 불렀습니다. cp는 1860년 영국의 수도 가스 조례에서 정한 것으로 1시간에 120gr의 비율로 연소하는 6lb짜리 고래 양초의 밝기였습니다.(120gr은 약 7.8g, 6lb는 약 2,722g) 그러다 1948년에 국제적으로 통일되어 cd가 되었습니다. 1cp는 1.0067cd이므로 거의 비슷한 값이라고 할 수 있습니다.

cd는 국제단위계를 구성하는 7개 단위 중 하나이며, 처음에는 백금이 녹는점(1,768℃)에서 $1/600,000\text{m}^2$ 면적의 흑체가 내는 빛의 광도를 기준으로 했습니다. 그러다 2018년에 다음과 같이 정의되었습니다. 1cd는 $540 \times 10^{12}\text{Hz}$의 진동수를 가진 단일 파장 빛의 발광 효율(Luminous efficacy)이 $K_{cd} = 683\text{cd} \cdot \text{sr} \cdot \text{W}^{-1}$가 될 때의 광도입니다.

▶ 제각각이던 밝기의 기준을 통일

"우린 6파운드짜리 고래 양초로
광도를 재지."

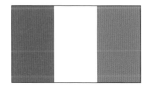

"유채기름을 안 쓴다고?"

"불꽃 높이가 5cm가 되면 1촉광이다."

나라마다 광도를 재는 방법과 기준이 전부
달랐습니다. 그러다 단위가 점차 통일되었고, 2018년에
칸델라는 지금과 같이 정의되었습니다.

빛이 닿는 장소의 밝기를 나타낸다

lx

광원에서 오는 빛은 거리가 떨어질수록 약하게 느껴집니다. 광원 자체의 밝기가 아니라 빛이 닿는 곳의 밝기를 '조명도'라고 합니다. 조명도는 lx(럭스)라는 단위를 써서 단위 면적당 빛이 얼마나 닿았는지를 나타냅니다. 1cd의 광원이 $1m^2$에 닿았을 때의 조명도가 1lx입니다. 예를 들어 1cd의 광원에서 1m 떨어진 장소의 조도가 1lx라고 한다면, 2m 떨어진 곳에서는 0.25lx가 되고, 50cm 떨어진 곳에서는 4lx가 됩니다. 이처럼 조명도는 거리의 제곱에 반비례합니다.

현실 세계에서 조명도를 보면, 태양이 비추는 지표면은 10만lx, 흐린 날의 지표면은 1만~2만lx, 보름달이 뜬 밤의 지표면은 0.2lx라고 합니다. 60W짜리 백열전구에서 30cm 정도 떨어진 곳이 대체로 500lx라고 합니다.

KS(한국산업규격)의 조명도 기준표에 따르면 침실에서 화장할 때는 300lx 이상, 서재에서 독서할 때는 600lx 이상이 필요하다고 합니다. 어두운 곳에서 작업하면 눈이 피로해진다는 데이터도 있으니 눈을 위해서라도 적절한 밝기를 확보해야 합니다.

나이가 들수록 시력뿐만 아니라 밝기를 느끼는 감도도 약해진다고 합니다. 예를 들어 스무 살인 사람이 느끼는 밝기 감도를 1로 한다면, 마흔 살인 사람이 똑같은 밝기를 느끼려면 1.8배의 밝기가 필요합니다. 쉰 살이라면 2.4배, 예순 살이라면 3.2배나 더 밝아야 합니다.(신문 글자 크기 정도를 봤을 때의 기준)

▶ KS 조도 기준

표준 조도 (단위: lx)	주택	회사	상업 시설	보건 의료 시설
1,000	수예 · 재봉	그래픽 설계	미용실 염색	응급실 진찰실
400	부엌조리대 공동 주택의 관리 사무실	화장실 엘리베이터 홀	레스토랑 주방	보건소의 일반 진료실
200	공동 주택의 로비 엘리베이터 홀	회의실	레스토랑 객실	
100	서재 전반 현관 전반 공동 주택의 복도	계단, 복도		엑스선 투시실
40	거실 전반			
20	침실 전반			

표준 조도가 정해져 있군요.

인간의 눈에 보이는 빛의 양을 나타낸다

lm

조명도를 나타내는 lx는 빛에 비춘 면의 밝기를 나타내지만, 광원에서 나오는 빛의 양 그 자체를 나타내는 단위도 있습니다. 광원에서 뿜어져 나와 눈에 보이는 빛의 양을 '광선속'이라고 하고, lm(루멘)이라는 단어로 나타냅니다. 1cd의 광원에서 1sr이라는 입체 각도의 단위당 뿜어져 나오는 광선속이 1lm입니다.(sr은 92쪽을 참고) 이 단위의 이름인 lm은 라틴어로 '주광'을 뜻합니다.

요즘에는 자택에서 LED 조명기구를 사용하는 사람이 늘고 있는데, LED 전구나 형광등의 밝기 기준으로도 lm을 사용합니다. LED가 등장하기 전에는 전구나 형광등을 구입할 때 20W나 40W 등 W라는 표시를 보고 밝기를 판단했습니다. W는 소비전력의 단위로 수치가 클수록 밝다고 생각하면 됩니다.

그렇다면 LED는 어떨까요? LED는 지금까지 쓰던 형광등보다 적은 전력을 소비하지만, 뒤떨어지지 않는 밝기를 얻을 수 있습니다. 그러니 W를 표시해도 밝기는 알 수 없습니다. 그래서 밝기 자체가 얼마나 밝은지를 나타내는 lm을 사용한 듯합니다. 예를 들어 지금까지 쓰던 40W짜리 전구와 똑같은 밝기의 LED 전구는 485lm, 40W 형광등과 똑같은 밝기의 형광등형 LED는 2,250lm짜리를 이용하면 됩니다.

광선속은 '인간의 눈에 보이는 빛의 양'이라고 썼는데, 같은 광도의 광원을 봐도 인간의 눈이 항상 똑같이 느낀다고는 할 수 없습니다. 우리 눈에

142

는 각막과 수정체 사이에 '홍채'가 있으며, 홍채가 동공의 크기를 조절해서 망막에 들어오는 빛의 양을 조절합니다. 밝은 곳에서는 홍채가 수축해서 빛의 양을 줄이고, 어두운 곳에서는 팽창해서 조금이라도 많은 빛이 들어오도록 합니다.

어두운 장소에서 밝은 장소로 나온 직후에 특히 눈이 더 부신 이유가 여기에 있습니다. 어두운 곳에서는 홍채가 팽창되어 있었으니, 그 상태에서 밝은 장소로 나오면 망막에 들어오는 광선속이 많은 것은 당연합니다. 반대로 밝은 장소에서 어두운 장소로 이동하면 홍채가 수축된 상태라 망막에 도달하는 광선속이 적습니다. 그러니 어두워서 잘 보이지 않는 것이죠.

▶ 방의 종류와 넓이에 맞는 LED 라이트의 밝기

방 종류	적절한 밝기(단위: lm)
거실(14~17m²)	3,000~5,000
공부방(8~10m²)	5,000~7,000
화장실(6~7m²)	300~500

▶ 조도와 색온도의 심리적 영향

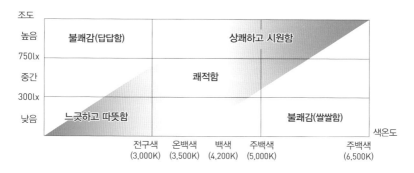

얼마나 밝은지 나타내는 단위들

cd/m² nt sb

광원에서 나온 빛은 광원의 면적이 넓을수록 밝아집니다. 예를 들어 밝기가 같은 형광등을 한 개 달았을 때와 두 개 달았을 때는 방의 밝기가 다릅니다. 광원의 밝기를 나타내기는 하지만 광원 전체의 밝기가 아니라 광원의 면적당 빛의 양을 나타내는 단위가 있습니다.

단위 면적당 광도를 '휘도'(輝度)라고 하고, 단위는 cd/m²(칸델라 매 제곱미터)를 사용합니다. 단위 기호를 보면 알 수 있듯이 광원 1m²당 광도를 나타내는 단위입니다. 일반적으로 광도는 별이나 전등의 밝기처럼 광원의 면적을 생각하지 않는 경우에 사용하고, 휘도는 디스플레이의 밝기를 나타내려고 사용합니다. 액정 텔레비전은 500cd/m² 정도, 컴퓨터용 액정 디스플레이는 최대 휘도 250~300cd/m² 정도가 일반적이라고 합니다.

이 단위에 국제적인 고유 명칭은 붙지 않았지만, nit이라는 이름이 따로 있고 단위 기호는 nt(니트)를 사용합니다. nit는 라틴어로 '빛이 난다.'라는 뜻의 nitor라는 말에서 유래했다고 합니다. nt가 1m²당 광도를 나타내는 반면, 1cm²당 광도를 나타내려면 sb(스틸브)라는 단위를 사용합니다. 즉 $1sb = 10^{-4}cd/m^2$입니다.

휘도도 광도와 마찬가지로 인간이 느끼는 양이기 때문에 역시나 항상 똑같이 보인다고는 할 수 없습니다. 우리 눈은 홍채를 이용해 들어오는 빛의 정도를 조절하기 때문입니다. 밝기가 같은 형광등을 한 개 달 때와 두 개 달 때는 단순히 두 배 밝아지는 것이 아니라는 뜻입니다.

▶ 디스플레이에서 눈을 보호하자

밤하늘의 별 밝기를 나타낸다

등급

등급은 별의 밝기를 나타내는 단위로 수치가 작을수록 더 밝은 별이라는 뜻입니다. 등급의 기원은 아주 예전으로 거슬러 올라가 기원전 2세기 그리스의 히파르코스라는 천문학자가 맨눈으로 본 별의 밝기를 1등성에서 6등성으로 분류한 것이 시초였습니다. 하늘에 뜬 가장 밝은 별을 1등성으로, 겨우 보이는 별을 6등성으로 정한 후에 그 사이를 6단계로 나눴습니다.

16세기에 망원경이 발명되어 6등성보다 어두운 별도 관측할 수 있게 되었지만, 7등성이나 8등성이라는 분류는 학자에 따라 제각각이라 통일되지 않았습니다. 19세기에는 천체 사진을 촬영할 수 있게 되면서 해당 사진을 토대로 별의 등급을 분류하려고 했는데, 맨눈으로 본 밝기와 천체 사진으로 본 밝기가 일치하지 않는다는 사실이 밝혀졌습니다. 사진은 청색으로 감광하기가 쉽고 노란색은 감광하기가 어렵기 때문이었습니다. 그래서 인간의 눈으로 본 등급을 '겉보기등급', 사진으로 판정한 것을 '사진등급'이라고 부르며 구별했다고 합니다.

지금은 망원경에 달아서 관측하는 광전 측광기나 냉각 CCD 카메라를 사용해서 별의 밝기를 측정합니다. 히파르코스 시대에는 소수점 이하 등급이 없었지만, 지금은 0.001등급의 정확도로 측정할 수 있습니다. 1등성은 6등성보다 100배 밝습니다. 즉 1등급 더 밝아지면 별의 밝기는 약 2.5배가 됩니다.

지금까지 지구에서 본 별의 밝기에 관해 이야기했는데, 별들은 각각 지구와의 거리가 달라서 실제 밝기와 지구에서 본 밝기가 다릅니다. 따라서 지구에서 32.6광년 떨어진 곳에 별이 있다고 가정하고, 그 위치에서 얼마나 밝은지를 따집니다. 이것을 '절대등급'이라고 합니다.

▶ 겉보기등급과 절대등급

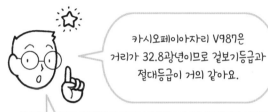

카시오페이아자리 V987은 거리가 32.8광년이므로 겉보기등급과 절대등급이 거의 같아요.

백조자리의 데네브는 약 2,600광년 떨어져 있으며 절대등급으로는 -8.4등급으로 상당히 밝은 별입니다.

겉보기등급	절대등급	천체 이름
-26.8	4.8	태양
-12.9		보름달
-4.6		금성
-2.9		화성
-1.47	1.42	시리우스(태양 다음으로 밝은 항성)
-0.74	-5.71	카노푸스(세 번째로 밝은 항성)
0.03	0.58	베가
0.76	2.21	알타이르
1.06	-5.28	안타레스
1.25	-8.4	데네브
5.2	-8.6	카시오페이아자리 V987
6		일반적으로 맨눈으로 보이는 가장 어두운 항성
12.8		퀘이사(강한 전파를 내는 성운)
30		허블 우주망원경으로 관측할 수 있는 가장 어두운 천체

카메라 렌즈, 그 밝기를 나타낸다

F값

사진 촬영은 옛날과 비교하면 훨씬 간편해졌습니다. 디지털카메라가 등장해서 편리해진 줄 알았더니 눈 깜짝할 새에 휴대폰, 특히 스마트폰으로 사진을 찍는 시대가 왔습니다. 언제 어디서든 바로 촬영할 수 있으며, 카메라에 대한 전문 지식이 없어도 아름다운 사진을 찍을 수 있습니다. 그러나 디지털카메라나 스마트폰의 카메라 렌즈에는 밝기의 차이가 있다는 사실을 알아두면 편리합니다. 예를 들어 어두운 곳에서 촬영할 때는 밝은 렌즈가 더 어울립니다.

카메라 렌즈의 밝기를 나타내려면 F값을 사용합니다. 만약 디지털카메라를 갖고 있다면 렌즈 근처에 F=2.0이나 1 : 3.5라는 값이 쓰여 있지 않나 살펴보세요. F=이나 1 : 의 오른쪽에 있는 값이 F값입니다. 요즘 나오는 스마트폰 카메라의 F값은 2.0 이하로 상당히 밝습니다.

카메라 렌즈의 밝기는 렌즈 지름과 초점 거리와 관계있습니다. 렌즈 지름이 크면 많은 빛을 모을 수 있으므로 밝아집니다. 렌즈 지름이 2배가 되면 면적이 4배, 지름이 3배가 되면 면적은 9배가 되듯 렌즈 지름의 제곱에 비례해 밝은 사진을 촬영할 수 있습니다. 또한, 초점 거리가 짧아야 빛의 밀도가 높아져서 사진이 밝아집니다. 초점 거리가 2배가 되면 밝기는 4분의 1이 됩니다. 즉 초점 거리의 제곱에 반비례합니다.

이 두 가지 요소를 사용해 F값은 렌즈의 초점 거리를 렌즈의 반지름으로 나눈 값이라고 정의합니다. F값이 낮을수록 밝고 선명한 사진을 촬영할 수 있습니다. 참고로 인간 눈의 F값은 1.0이라고 합니다. 인간 눈은 스마트폰 카메라보다 성능이 더 좋습니다.

▶ 디지털카메라의 밝기 조절

디지털카메라는 셔터 스피드,
ISO 감도, 조리개(F값)를 조절하면
사진의 완성도가 달라집니다.

· 셔터 스피드
길어지면 빛을 받아들이는 양이 늘어나지만,
손이 흔들리는 원인도 된다.

· ISO 감도
카메라 센서가 감지하는 빛의 정도.
높아지면 어두운 장소에서도 촬영할 수 있지만
노이즈가 나타난다.

· 조리개(F값)
렌즈에 들어오는 빛의 양을 조절할 수 있지만,
스마트폰은 고정된 경우가 대부분이다.

스마트폰 앱으로 밝기와 초점을
조절할 수도 있다.

안경 도수 나타내기

D

근시용이나 원시 노안용 안경을 맞춘 적이 있는 사람이라면 들어본 적이 있을지도 모르겠지만, 렌즈의 굴절률을 나타내는 단위로 D(디옵터)가 있습니다. '안경은 갖고 있지만 그런 단위는 들어본 적이 없어요.'라는 사람도 '도수'라는 말은 들어본 적이 있겠지요. 안경 가게에서 사용하는 도수(구면 도수)의 단위가 바로 D입니다.

안경 렌즈의 굴절률이란 렌즈의 초점 거리를 미터 단위로 나타낸 것의 역수이기 때문에 볼록렌즈는 양수, 오목렌즈는 음수입니다. 볼록렌즈는 글자대로 주변부보다 중심부가 두꺼운 렌즈이며 원시 교정이나 돋보기에 사용합니다. 볼록렌즈에 태양광선 같은 평행광선을 대면 빛이 한 점으로 모입니다. 이 때문에 집광 렌즈 또는 수렴 렌즈라고 불립니다.

오목렌즈는 중심이 얇고 주변부가 두꺼운 렌즈로 근시 교정용으로 사용합니다. 오목렌즈는 빛을 퍼뜨리는 성질을 갖고 있어서 광원 쪽에 초점이 있는 것처럼 보입니다. 사실 이 점이 오목렌즈의 초점으로 여겨지기 때문에 굴절률이 음수로 나오는 것이지요. 또한 보이지 않는 초점이기 때문에 '허초점'이라고 불립니다.

예를 들어 초점 거리가 0.5m라면 D는 역수인 2가 됩니다. D는 1m를 렌즈의 초점 거리(미터 단위)로 나누면 계산할 수 있습니다. 참고로 안경을 낀 분들은 도수가 잘 맞나요? 안경 도수를 바르게 정하는 법은 '특정 사물을 보지 않고 눈을 쉬게 할 때 초점이 맞는 거리가 1m 정도인 렌즈를 선택

하는 것'이라고 합니다. 도수가 너무 높으면 어깨 결림이나 두통의 원인이
된다고 하니 적당한 렌즈를 골라야 합니다.

▶ 볼록렌즈와 오목렌즈

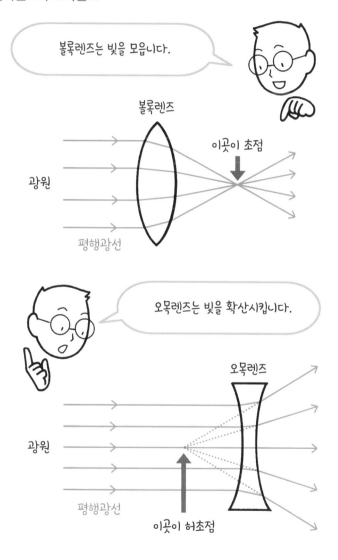

등대의 렌즈, 프레넬렌즈란 무엇일까?

등대에서 사용하는 렌즈 중에는 크기가 매운 큰 것도 있습니다. 지름이 2,590mm, 안지름이 1,040mm, 초점 거리가 920mm인 렌즈도 있죠. 등대 렌즈라고 하면 볼록렌즈와 같은 형태를 떠올릴 듯하지만, 볼록렌즈가 2.5m 나 되면 상당히 무겁고 제작 비용도 많이 듭니다. 사실 등대 렌즈로는 '프레넬 렌즈'라는 특수한 렌즈가 사용됩니다.

19세기 초에 오귀스탱 장 프레넬이라는 프랑스 과학자가 얇은 렌즈 여러 장을 조합해서 등대 렌즈를 개발했습니다. 그때까지 등대에 사용했던 렌즈는 거대한 한 장짜리 렌즈였습니다. 프레넬이 렌즈를 개발한 덕분에 재료나 비용, 제조에 드는 수고가 많이 절약되었습니다. 이 렌즈는 아주 얇게 만들 수 있어서 등대뿐 아니라 카드형 돋보기나 카메라 섬광 장치에도 응용합니다.

• 프레넬렌즈의 구조

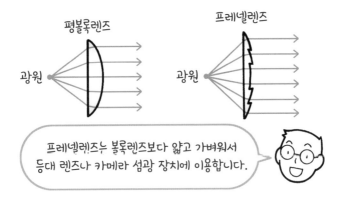

평볼록렌즈　　프레넬렌즈

광원　　광원

프레넬레)즈누 볼록렌즈보다 얇고 가벼워서
등대 렌즈나 카메라 섬광 장치에 이용합니다.

제10장

사람 이름을 딴 단위

이미 다른 장에서 몇 가지 등장했지만,
단위 중에는 해당 분야에서 새로운 발견을 한
사람의 이름을 그대로 쓰는 경우가 있습니다.
그 사람의 공적을 기리기 위해서죠.
이 장에서는 이런 단위를 모아 정리했습니다.

만유인력 발견자의 이름이 단위?

N

아이작 뉴턴 하면 나무에서 떨어지는 사과를 보고 만유인력(중력)의 법칙을 발견한 사람으로 유명합니다.(물론 이 이야기는 사실이 아닌 듯합니다.) 그런데 뉴턴이라는 이름이 단위, 게다가 국제단위계의 단위가 되었다는 사실은 모르는 분들도 많지 않을까요?

만유란 '모든 것이 갖고 있다.'라는 뜻이고, 인력은 '서로 잡아당기는 힘'을 가리킵니다. 다시 말해 '모든 것은 서로 잡아당긴다.'라는 말입니다.

이처럼 작용하는 힘의 세기는 '질량이 1kg인 물체에 매초 1m의 가속도를 주는 힘'이 기준입니다. 그러면 질량의 기본단위인 kg, 길이의 기본단위인 m, 시간의 기본단위인 s를 조합해서 $kg\ m/s^2$라는 조립단위가 생깁니다.

이렇게 쓰면 단위가 조금 길어집니다. 게다가 이 물체에 더해지는 힘을 나타내는 값은 압력이나 에너지를 구하는 계산에도 사용되므로 계산을 해서 구할 수 있는 값에 사용되는 단위는 더 길어져서 복잡합니다. 이 단위를 간단하게 표현해줄 새로운 단위가 필요한 것이죠. 어떤 단위를 붙일까 고민하던 사람들은 뉴턴(Newton)의 공적을 인정해서 $kg\ m/s^2$를 N이라고 정했습니다. 1904년 브리스톨 대학의 데이비드 로버트슨이 제창했고, 1948년에 채택되었습니다.

그런데 모든 사물이 인력을 갖고 있다면 왜 사과는 다른 사물이 잡아당기지 않고 땅으로 떨어졌을까요? 이런 의문이 들지 않나요? '만유인력은 두 사물 각각의 질량을 곱한 것에 비례하고 두 사물의 거리를 제곱한 것에 반비례'하기 때문입니다. 두 사물의 질량이 커질수록 강하게 끌어당기고, 거리가 멀어질수록 약해집니다. 따라서 사과 주변에 있는 것 중에 가장 질량이 큰 것, 즉 지구가 끌어당겨서 사과가 땅으로 떨어진 것입니다.

▶ 물체를 움직이는 힘을 나타내는 단위 N(뉴턴)

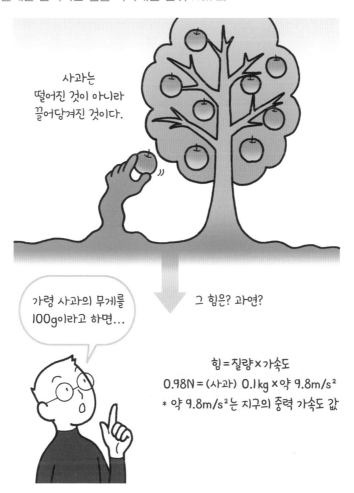

방사능을 측정하는 단위

Bq dps Ci GBq

'방사능'이라고 하면 매우 위험한 물질인 듯한 인상을 받습니다. 원자폭탄 투하나 원자력 발전소 사고로 방사선에 노출되면 건강이 나빠진다는 사실이 알려졌기 때문입니다. 그런데 의외로 우리 주변에서도 방사능을 신경 써야 할 곳이 발전소 말고 또 있습니다. 바로 병원입니다. 병원에서는 정밀 검사에 방사선을 활용합니다. 이 방사선을 안전하게 사용하기 위해 방사성 물질이 방사선을 방출하는 능력(방사능)을 올바르게 측정할 필요가 있습니다.

이때 활용하는 국제단위계의 단위가 Bq(베크렐)입니다. 이 단위는 방사선을 발견한 프랑스의 물리학자 앙리 베크렐의 이름에서 유래했습니다. Bq은 '방사성 물질의 원자가 1초에 1개 붕괴(원자핵이 다른 원자핵으로 바뀌거나 에너지 상태가 바뀌는 것)할 때의 방사능 강도'를 뜻합니다. 이 값은 그 전까지 사용되던 dps(disintegrations per second : 괴변 매 초)와 같습니다.

방사능과 관련한 유명한 또 다른 단위가 Ci(퀴리)입니다. 퀴리 부부는 1898년에 역청우라늄광의 찌꺼기에서 라듐과 폴로늄이라는 방사성 원소를 발견했고, 방사능의 어머니가 되었습니다. Ci는 퀴리 부부의 공적을 칭송하려고 만든 단위이며 '라듐 1g이 가지는 방사능의 강도'를 뜻합니다. 라듐 1g은 매초 3.7×10^{10}번 붕괴하기 때문에 1Ci는 $3.7 \times 10^{10} = 37$GBq(기가베크렐)입니다. 베크렐, 퀴리 부부는 1903년에 다 같이 노벨 물리학상을 받았습니다. 그 후 마리 퀴리는 1911년에 혼자 노벨 화학상도 받았습니다.

▶ 퀴리 부부

폴란드 출신의 마리아 스크워도프스카(마리 퀴리)는 왕성한 탐구심을 지녔고, 힘겹게 공부한 끝에 물리학 학사 자격을 취득했다. 그 후 천재라는 명성이 자자했던 프랑스인 피에르 퀴리를 만났다. 그는 출세나 명성, 경제적 풍요로움, 여성과의 교제에 흥미가 없었지만, 서로 과학 이야기를 나누며 많은 공통점을 발견하면서 서서히 마리아에게 끌렸고 결국 결혼했다.

두 사람은 연구에 몰두해 방사성 원소 폴로늄과 라듐을 발견했다. 1903년에 베크렐과 함께 노벨 물리학상을 공동 수상하면서 부부의 이름이 널리 알려졌다.

무엇이든 간파하는 엑스선의 단위

R   C/kg

'흉부 엑스선 검사'라고 하면 건강 진단을 할 때 많이 들어봤을 겁니다. 그 이름 그대로 가슴에 엑스선이라 불리는 1pm~10nm 정도의 전자파를 쏴서 폐나 심장, 대동맥, 척추 등에 이상이 없는지 상태를 알아보는 검사입니다. 엑스선을 1895년에 발견한 사람이 독일의 물리학자 빌헬름 뢴트겐입니다. 엑스선의 'X'는 수학에서 미지수를 의미합니다. 당시 미지의 분야였던 방사선을 나타낸 것입니다. 오늘날에는 '뢴트겐선'이라 불리기도 하므로 두 이름 모두 들어본 적이 있는 사람도 많을 것 같습니다.

여기서 뢴트겐 역시 단위입니다. R(뢴트겐)로 나타내는 이 단위는 국제단위계는 아니지만, 어느 물질에 갖다 댄 방사선의 양인 '조사선량'(照射線量)을 나타내는 단위로 쓰입니다. 이는 '표준 상태인 건조 공기 1kg에 대해 조사할 때 전자 또는 양전자 때문에 공기 중에 생기는 이온군이 가진 전기량이 각각 양 및 음의 1C(쿨롱)이 되는 조사선량'으로 정의합니다. 간단히 말하면 '대상이 되는 사물에 얼마나 방사선을 쬤는가'를 나타냅니다. 여기서 표준 상태는 0℃, 1atm(기압)으로 정의합니다.(쿨롱에 대해서는 160쪽 참고)

R은 뢴트겐이 발견한 엑스선 외에 감마선의 조사선량을 측정할 때도 사용합니다. 국제단위계를 사용할 때는 C/kg(쿨롱 매 킬로그램)으로 표기해야 하는데, 방사선을 일상적으로 사용하는 연구소나 의학 관련 시설에서는 R을 사용하는 일이 적지 않습니다.

단, R은 '인체에 얼마나 영향을 끼치는가'를 나타내는 것은 아닙니다. 방사선이 인체에 미치는 영향을 나타내려면 Sv(시버트)라는 단위를 씁니다. 자세한 내용은 168쪽을 참고합니다.

▶ 엑스선은 다양한 형태로 이용된다

활용 예시

공항의 수하물 검사
1μSv(마이크로 시버트) 이하

CT 스캔
(컴퓨터 단층 촬영 검사) 한 번
6.9mSv(밀리시버트)

엑스선 검진
위 0.6mSv
흉부 0.05mSv

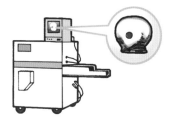

진주조개 엑스선
감별 장치

전기의 성질을 나타낸다

A V C Ω W

전기와 관련한 단위는 대부분 사람 이름에서 따왔습니다. 예를 들어 전류 단위인 A(암페어)는 프랑스의 물리학자 앙드레 마리 앙페르의 이름에서 유래했습니다.

단독 주택이든 집합 주택이든 각 가구에는 '회로 차단기'라는 기기가 설치되어 있습니다. 이는 이상한 전류가 흘렀을 때나 전기를 과다 사용(과부하)했을 때, 합선이 일어났을 때 등 이상 상황에서 옥내 배선이 손상되지 않도록 보호하는 기기입니다. 참고로 가정용 전기 요금은 사용량이 많아질수록 단위당 요금이 올라가는 누진제라서, 전기 사용량에 신경 쓰지 않으면 요금 폭탄을 맞을 수도 있습니다.

가전제품의 포장 상자에 많이 보이는 V(볼트)는 전압의 단위입니다. 이탈리아의 물리학자 알렉산드로 볼타에서 유래했습니다. 볼타는 은판과 주석판을 번갈아 쌓아 금속판을 만들었고, 이 금속판과 전해질의 수용액으로 전지(볼타 전지)를 제작해서 유명해졌습니다. 전지와 관련이 깊은 인물입니다.

또한 전하(전기량)를 나타내는 단위인 C(쿨롱)은 프랑스의 물리학자 샤를 드 쿨롱의 이름에서 유래했습니다. '1A의 전류가 1초 동안 운반하는 전하를 1C'으로 정의하며, 요컨대 전기의 분량을 나타내는 단위입니다. 전압이 다른 두 장소를 이으면 전류가 흐르고, 그 흐름을 방해하는 '전기 저항'이 생깁니다. 전기 저항을 나타내는 단위인 Ω(옴)도 독일의 물리학자 게오

르크 시몬 옴에서 유래합니다.

일률이나 전력의 단위인 W는 108쪽에서도 언급했지만, 스코틀랜드 출신으로 산업혁명에 큰 공헌을 한 제임스 와트와 연관 있습니다. 이렇게 보니 적어도 우리 생활에 밀접한 관련이 있는 전기 단위는 대부분 사람 이름에서 유래했네요.

▶ 전기와 관련한 단위

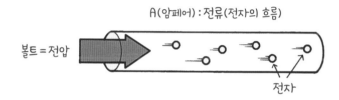

A(암페어) : 전류(전자의 흐름)

볼트 = 전압

전자

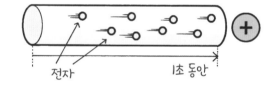

1C(쿨롱) : 1A의 전류가 1초 동안 운반하는 전하

전자

1초 동안

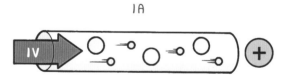

1A

1V

1Ω(옴) : 1V로 1A가 흘렀을 때의 전기 저항

지진의 흔들림을 측정하다

gal   mgal   ls

지진을 경험한 적이 있습니까? 120쪽에서 지진 규모를 나타내는 단위를 소개했는데, 흔들림의 크기(진동 가속도)는 가속도 단위인 gal(갈)로 나타냅니다. gal이라는 단위도 사람 이름에서 유래합니다. 이탈리아의 물리학자이자 천문학자이며 철학자인 갈릴레오 갈릴레이의 이름에서 따왔습니다. 갈릴레이 하면 지동설을 주장한 사실로 유명한데, 물리학 분야에서도 공적을 남겼습니다.

1gal이란 1초 동안 1cm/s(센티미터 매 초)의 가속도를 나타내는 단위입니다. 따라서 국제단위계를 따라 m/s²(미터 매 초 매 초)라는 단위를 써야 하는데, 지진의 진동 가속도를 측정할 때 gal 또는 1gal의 $\frac{1}{1000}$에 해당하는 mgal(밀리갈)을 사용합니다. 이때 1gal을 국제단위계로 환산하면 $0.01\,m/s^2$가 됩니다.

한국은 지진에 대한 경각심이나 관심이 부족한 편이라 자주 접하지 못한 단위입니다. 국토교통부가 제출한 자료에 따르면 내진 설계를 해야 하는 건물 중 67퍼센트가 내진 설계를 하지 않았다고 합니다.(2016년 기준) 그만큼 한국은 지진 안전지대라고 사람들이 생각해왔습니다. 다만 지난 2016년 경주 지진을 계기로 많은 지방자치단체와 중앙 정부가 지진 대응 체제를 점검하고 사전 대책을 마련했으며, 2층 이상 건물에도 내진 설계를 적용하도록 그해에 건축법을 개정했습니다.

지진이 잦은 일본은 다중시설 건축물이나 1981년 이전에 지은 건물에 내진 진단을 장려합니다. 이 진단에는 Is(Seismic Index of Structure, 구조 내진 지표)라는 지표를 사용하고, Is가 0.6 이상일 때 가장 바람직하다고 여깁니다.

▶ 내진 진단과 Is값

· 일반적인 Is값의 기준(1995년 12월 25일 기준)

Is값 0.3 미만 : 지진의 진동 및 충격으로 쓰러지거나 붕괴할 위험성이 높다.
Is값 0.3 이상 0.6 미만 : 지진의 진동 및 충격으로 쓰러지거나 붕괴할 위험성이 있다.
Is값 0.6 이상 : 지진의 진동 및 충격으로 쓰러지거나 붕괴할 위험성은 낮다.

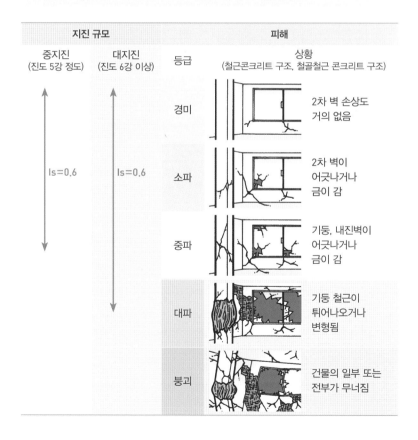

지진 규모			피해	
중지진 (진도 5강 정도)	대지진 (진도 6강 이상)	등급	상황 (철근콘크리트 구조, 철골철근 콘크리트 구조)	
Is=0.6	Is=0.6	경미		2차 벽 손상도 거의 없음
		소파		2차 벽이 어긋나거나 금이 감
		중파		기둥, 내진벽이 어긋나거나 금이 감
		대파		기둥 철근이 튀어나오거나 변형됨
		붕괴		건물의 일부 또는 전부가 무너짐

회오리의 강도를 나타내는 F-Scale

시카고 대학의 기상학자 후지타 데쓰야 박사를 모르는 사람은 많을 것입니다. 미국에서는 Mr. Tornado나 Dr. Tornado라고 칭할 정도로 회오리 연구에서 많은 업적을 남긴 기상학자입니다. 더욱이 관측 실험으로 얻은 난해한 수식을 보기 쉬운 입체도로 해설한다고 해서 '기상계의 디즈니'라고 불렸다고도 합니다. 후지타 박사는 규슈 공업 대학 공학부 기계과에서 박사 학위를 취득한 후 도쿄 대학에서 이학 박사 자격을 얻었고, 시카고 대학 교수로 초청받아 미국으로 건너갔습니다.

그 후 1971년에 회오리의 강도와 피해의 관계를 나타내는 Fujita-Pearson Tornado Scale(통칭 F-Scale)을 발표했습니다. NWS(National Weather Service, 미국 국립 기상국)에서 채택해 지금도 쓰고 있을 정도입니다.(지금은 개량한 버전인 EF-Scale을 사용) 또한 하강기류 연구로도 알려져 있는데, 자연재해뿐 아니라 항공기 사고에서 사람들을 보호하는 데 크게 공헌했습니다.

연구 성과를 높게 평가받아 프랑스 항공 우주 아카데미에서 금메달을 받았으며, 이 밖에도 많은 상을 받았습니다. '만약 노벨상에 기상학상이 있다면 후지타 박사가 받았을 것이다.'라는 평가를 받는데, 시카고 대학에서 90명이 넘는 노벨상 수상 학자들과 같은 대우를 받았을 정도입니다. 한편 텔레비전 인터뷰에서 "회오리바람이 불면 어떻게 하시겠습니까?"라는 질문에 "카메라를 들고 옥상으로 올라가겠습니다."라고 대답한 사람이었습니다. 학자로서 열정이 매우 넘친 점도 그가 유명한 이유일지 모르겠습니다.

| 제11장 |

그 밖의 단위

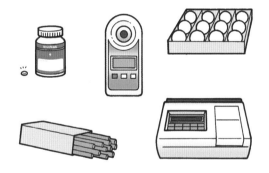

지금까지 다양한 단위를 소개했는데,
아직도 많은 단위가 있습니다.
이 장에서는 지금까지의 분류에 포함되지
않았던 단위 또는 단위 이외의 값을 나타내는
기호까지 정리합니다.

한데 묶이는 단위

다스　그로스　그레이드 그로스　스몰 그로스　카튼

소모품을 나타낼 때 주로 쓰는 단위 가운데 다스(dozen의 일본식 발음)가 있습니다. 한자로는 타(打)라고 씁니다. 예전에는 필기구 하면 보통 연필과 볼펜이 대부분이었고, 한 상자를 묶음으로 사는 일도 적지 않았습니다. 이때 한 상자에 든 연필이나 볼펜은 12개로 정해져 있었습니다. 이 12개가 바로 1다스입니다. 요즘에는 개인이 연필이나 볼펜을 다스로 구입하는 일이 적어졌지만, 야구공은 여전히 1다스로 판매되고 있습니다.

　더 많은 물건을 한 묶음으로 다루는 단위 중에 그로스(gross)가 있습니다. 이는 12다스, 즉 12개(자루)의 12배이므로 144개(자루)를 묶은 단위입니다. 나아가 12그로스(1,728개)에는 그레이트 그로스(great gross)라는 단위를 쓰고, 120개를 스몰 그로스(small gross)라고 말합니다.

　그렇다면 다스는 반드시 12가 모인 것일까요? 사실 그렇지 않습니다. 예를 들어 영국의 빵집에서는 다스라고 하면 13개를 가리킵니다. 유럽 중세시대에는 빵 무게에 관한 규정이 있었는데, 빵이 규정 무게에 미치지 않는다는 고객의 불만을 피하려고 서비스로 하나 더 넣었다고 합니다. 그래서 지금도 baker's dozen이라고 해서 빵은 13개가 들어 있습니다.

　이 밖에 카튼(carton)이라는 단위도 있습니다. 요즘에는 담배 10갑이 1카튼인 경우가 많은 듯합니다. 그러나 카튼은 판지나 골판지 상자를 뜻하는 동시에 상자를 세는 단위이며 내용량이 8~20개 정도입니다. 특정한 숫자가 정해지지 않았습니다.

166

▶ 다스와 그로스, 그레이트 그로스

12를 묶으면 1다스

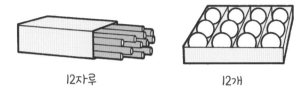

12자루   12개

12다스는 1그로스

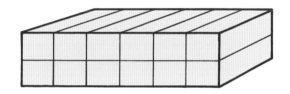

12그로스는 1그레이트 그로스

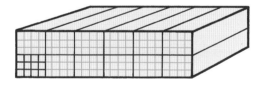

방사선이 흡수되는 정도를 재는 단위

rad   Gy   Sv   rem   mSv

156쪽에서 방사능이나 방사선량의 단위인 Bq와 Ci를 소개했는데, 방사선에 노출되었을 때 몸이 흡수하는 양(흡수선량)을 나타내는 단위도 있습니다. 예전에는 rad(라드)라는 단위를 사용했습니다. 1rad는 0.01J/kg(줄 매킬로그램)입니다. 현재는 국제단위계의 조립단위인 Gy(그레이)를 사용합니다. 1Gy는 100rad에 상당합니다.

Gy는 물질이 방사선에 노출되었을 때의 흡수량을 나타내는데, 인체를 포함한 생체는 방사선의 종류에 따라 영향도가 달라집니다. 그래서 방사선의 종류별로 정해진 선량당량(Gy에 방사선 하중계수를 곱한 값)인 Sv(시버트)라는 국제단위계의 단위를 씁니다. 참고로 방사선에는 알파(α)선, 베타(β)선, 감마선, 엑스선 등이 있습니다. 이 단위는 원자력 발전소 사고가 발생했을 때 뉴스에서 들어본 적이 있을 것입니다. Sv를 사용하기 전에는 rem(렘)을 일반적으로 사용했는데, 1Sv는 100rem에 상당합니다.

인체가 방사선에 노출되는 것을 '피폭'이라고 합니다. 일상생활에서 1년 동안 2.4mSv(밀리시버트) 정도의 자연 방사선을 받고 있다고 합니다.(전 세계 평균값) 이 정도로는 건강에 별다른 이상이 없지만, 단기간에 대량으로 피폭되면 몸에 여러 가지 이상이 일어납니다. 최악의 경우에는 죽음에 이르기도 합니다. 이처럼 방사선은 몸에 위해를 줄 수도 있는데, 방사성 라돈 가스가 함유된 라돈 온천을 즐기는 사람도 있습니다. 방사선량이 아주 적다면 몸에 좋다는 설도 있지만, 아직 근거는 없는 실정입니다.

▶ 일상생활에서 받는 방사선

자연 방사선   인공 방사선

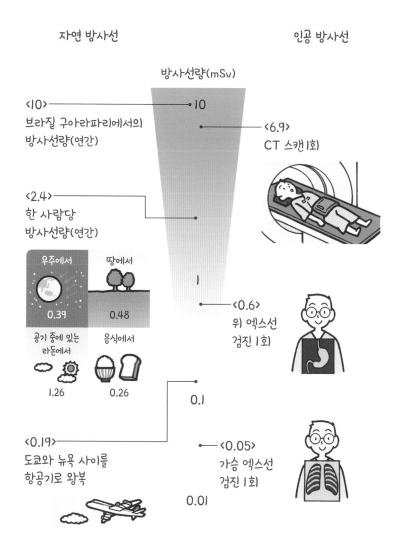

방사선량(mSv)

〈10〉
브라질 구아라파리에서의
방사선량(연간)

10

〈6.9〉
CT 스캔 1회

〈2.4〉
한 사람당
방사선량(연간)

우주에서 0.39   땅에서 0.48

1

〈0.6〉
위 엑스선
검진 1회

공기 중에 있는
라돈에서 1.26   음식에서 0.26

0.1

〈0.19〉
도쿄와 뉴욕 사이를
항공기로 왕복

〈0.05〉
가슴 엑스선
검진 1회

0.01

딸기와 레몬의 당도는 같다?

원래 과일에는 여러 맛이 있지만, 달콤한 과일을 좋아하는 사람이 많습니다. 우리가 즐겨 먹는 수박, 딸기, 참외, 복숭아 같은 과일도 달수록 사람들이 좋아합니다. 그래서 얼마나 단지 측정하는 방법과 측정 기준이 있습니다.

당분을 나타내는 단위부터 알아봅니다. 자당도(당도)라 불리는 기준입니다. 이는 과일이나 채소에 함유된 자당의 질량 퍼센트 농도를 나타내는 단위로 Brix(브릭스)라는 값으로 표시합니다. 단위 표기를 할 때는 °Bx, %, 도(度)를 사용합니다.

Brix는 '당도계'라는 측정기(굴절당도계, 선광당도계, 근적외광당도계 등의 종류가 있습니다.)로 계측합니다. 예를 들어 계측기에 15%가 표시되었다면 100g당 당분이 15g 함유되어 있다는 뜻입니다.

원래 자당이란 글루코스(포도당)와 프럭토스(과당)이라는 두 가지 당이 결합해서 한 분자가 된 당으로 이것이 많을수록 달다는 뜻입니다. 그런데 '당도가 높으면 반드시 달게 느껴지는가?' 하고 묻는다면 그렇지 않습니다.

예를 들어 딸기는 품종에 따라 차이가 있지만 단맛을 느낄 수 있습니다. 딸기의 당도는 일반적으로 '8~9도'라고 합니다. 그렇다면 레몬은 어떨까요? 레몬이 달다고 인식하는 사람은 적을 것입니다. 그런데 레몬의 당도는 '7~8도'이며 딸기와 거의 차이가 없습니다. 이는 산도의 차이 때문에 벌어진 일입니다. 딸기와 레몬은 산도 및 당산비(당도와 산도의 비율, 이를 측정하는 기계가 당산도계)가 다르기 때문에 딸기가 더 달게 느껴지는 것입니다. 인간의 혀는 참 신기합니다.

▶ 다양한 당도계와 당산도계

굴절당도계)

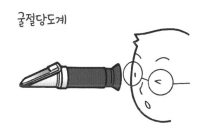

샘플(즙)을 프리즘 면에 떨어뜨려 접안부에서 들여다보고 수치를 읽는다.

선광당도계)

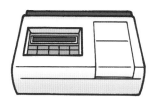

선광도와 굴절률 모두 한 번에 측정할 수 있는 똑똑한 기계다.

당산도계)

당도, 산도, 당산비를 잴 수 있다. 측정 대상별로 모델이 다르다.

이렇게 작은 단위가 있을 수가!

할 푼 리 % ‰ ppm ppb ppmv ppbv ppt

우리는 비율을 이야기할 때 '○할' 또는 '○%'라는 식으로 표현합니다. "원고 잘돼가고 있어요?" "80%는 됐어요." 하는 식으로 말입니다.

아무튼 할, 푼, 리는 주로 야구에서 각종 확률을 나타낼 때 쓰이고, %(백분율)도 일반적으로 사용하기 때문에 친숙한 단위입니다.(parts per cent를 줄여서 ppc라는 단위로 불리기도 합니다.) 그러나 이들보다 더 작은 숫자를 나타내는 단위가 있다는 사실, 알고 있나요? 예를 들어 천분율을 나타내는 ‰(퍼밀 또는 프로밀)이 있습니다. '밀'은 '천'을 나타냅니다. 천년기를 기념하는 milenium을 생각해보면 쉽게 연상할 수 있을 것입니다.

또한 100만분율을 뜻하는 ppm(피피엠)이라는 단위도 있습니다. 이 단위는 parts per million의 머리글자에서 따왔으며, 주로 화학약품의 농도를 표현할 때 씁니다.

더 작은 값을 나타낼 때 쓰는 10억분율도 있습니다. 이 단위는 parts per billion의 약자로 ppb(피피비)라는 단위입니다. 실내 공기 중의 화학물질 농도 등을 나타낼 때 씁니다. 나아가 ppm이나 ppb는 부피(volume)를 나타내는 v를 덧붙여 ppmv(피피엠브이)나 ppbv(피피비브이)로 쓰면 부피당 100만분율이나 10억분율을 나타낼 수도 있습니다. 여기까지 왔으니 하나 더 알아볼까요?

무려 1조분율이라는 단위도 있습니다. 그 단위는 바로 parts per trillion을 줄여서 ppt(피피티)라고 합니다. 극미량의 물질이나 미량의 가스 농도를 계측하거나 표기할 때 사용하는 단위라고 합니다.

여기까지 비율을 나타내는 단위를 다양하게 소개했는데, 이 단위들이 과연 얼마나 작은 수를 나타내는 것인지 쉽게 상상이 되지 않습니다. 그래서 모수가 되는 값을 예시로 나타내보겠습니다. 1%는 민트 사탕이 50개씩 들어간 두 상자 속에 들어 있는 사탕 한 알 정도를 말합니다. 쉽게 상상할 수 있지요. 이것이 1‰이 되면 큰 영양제 한 병 속에 든 영양제 한 알 정도를 나타냅니다. ppb, ppt는 각각 한 포대가 10kg인 쌀 2천 포대와 200만 포대에 들어 있는 쌀 한 톨을 상상하면 됩니다. 이렇게 보면 각각 얼마나 작은 값을 나타내는 단위인지 감이 오지 않나요?

▶ 다양한 비율의 모수

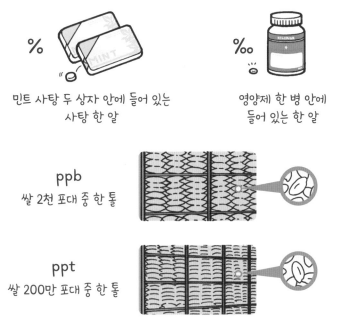

%
민트 사탕 두 상자 안에 들어 있는
사탕 한 알

‰
영양제 한 병 안에
들어 있는 한 알

ppb
쌀 2천 포대 중 한 톨

ppt
쌀 200만 포대 중 한 톨

* 1포대 = 10kg ≒ 50만 톨

이것이 바로 경제의 단위?

¥ $ € £ F

경제 사회에서 없어서는 안 될 존재가 바로 화폐인데, 관련 업종에 종사하거나 환율 거래를 하는 사람이 아니라면 해외 여행을 갈 때 빼고는 신경 쓸 일이 별로 없을 것입니다. 최근에는 가상화폐(비트코인)라는 것이 등장했는데, 국가의 후원이 없는 화폐이므로 사용하려면 위험이 따릅니다.

한국은 화폐 단위로 원을 쓰는데, 1902년 대한제국 시절에 처음 사용했다가(당시에는 환) 1950년 대한민국의 화폐 단위가 되었습니다. 화폐에는 줄여서 부르는 호칭이 있습니다. 한국 원은 KRW, 일본 엔은 JPY, 미국 달러는 USD, 유럽의 통일 화폐는 EUR입니다. 이는 ISO4217(통화 코드의 국제 기준)로 정해져 있는데, 두 번째 글자까지는 나라를 나타내고 마지막 한 글자가 화폐의 호칭을 의미하는 것이 원칙입니다. 하지만 EUR만은 예외입니다.

전 세계 외환 시장에서 거래량과 거래 참가자가 많은 화폐로 미국 달러($), 일본 엔(¥), EU 유로(€), 영국 파운드(£), 스위스 프랑(F) 등을 꼽을 수 있는데, 이를 주요 화폐라고 생각해도 됩니다. 그리고 '통화 스와프'라는 말을 가끔 듣습니다. 이것은 여러 나라의 중앙은행이 자국의 화폐 위기 발생에 대비해서 자국 화폐를 예치하거나 채권 담보 등과 교환해 일정 환율로 협정 상대국의 통화를 서로 융통하는 협정을 말합니다. 한국은 미국, 중국, 스위스 등 여러 나라와 총 1,932억 달러 이상의 규모로 통화 스와프를 체결한 상태입니다.

▶ 세계 주요 통화

일본 엔(JPY)

미국 달러(USD)

유로(EUR)

영국 파운드(GBP)

스위스 프랑(CHF)

미국 달러, 유로, 영국 파운드,
스위스 프랑, 호주 달러,
캐나다 달러 등은 주요 통화로
인식되고 있습니다.

보이지 않는 것을 세는 6번째 SI 기본단위

mol

국제단위계의 기본단위는 어떤 상황에서 사용하는지 금세 그림이 그려지는 것들이 대부분입니다. 그러나 mol(몰)이라는 물질량 단위만은 일상생활에 사용할 일이 없습니다. 애초에 무게(질량) 단위와 물질량 단위를 따로 쓰는 이유가 있는지도 의문이고, 물질량은 본 적도 없기 때문입니다. 그도 그럴 것이 물질량이란 눈에 보이지 않는 원자나 분자의 덩어리를 뜻합니다.(이온, 전자 등의 입자 혹은 그것들을 조합할 때도 물질량을 사용합니다.) 원자나 분자를 '정해진 수'만큼 모은 물질의 양, 그것이 물질량입니다.

그렇다면 '정해진 수란 대체 몇인가'가 문제입니다. 이것은 6.02×10^{23}이며 '아보가드로수'라고 불립니다. 이탈리아의 물리학자이자 화학자인 아메데오 아보가드로의 이름에서 유래했습니다. 즉 어떤 원자나 분자가 6.02×10^{23}개 모인 것이 1mol입니다. 참고로 6.02×10^{23}은 질량수 12의 탄소 원자 12g을 한 덩어리로 해서 원자 수가 몇 개 있는지 계산해 얻은 값이었으나, 2018년에 아보가드로수로 재정의되었습니다. 킬로그램의 정의가 바뀌었기 때문입니다.

1mol의 질량은 원자량이나 분자량에 g을 붙인 값과 같습니다. 그렇다면 굳이 mol이라는 단위를 쓸 필요가 없을 것 같습니다. 실제로 mol을 기본단위로 할지 논쟁을 벌일 때, '물질량은 질량에 비례하니까 kg으로 나타내야 한다.'라는 의견이 있었다고 합니다. 그러나 이온 결합이나 금속 결합 등에 따른 물질은 분자라 부를 수 있는 것이 없어서 물질량을 나타내기에

는 불편합니다.

　이런 이유로 mol은 화학 분야의 기본단위이며 물질량을 나타내는 중요한 단위라는 사실을 인정받아 1971년에 국제도량형총회에서 채택되었습니다. 현재는 화학 수업 혹은 실험이나 연구 등을 하는 곳에서 없어서는 안 될 단위가 되었습니다. 또한 아보가드로가 했던 실험 중 표준 상태(0℃, 1atm)에서 기체 대부분의 1mol은 거의 22.4L라는 사실이 증명되었습니다.(암모니아 제외)

▶ 1mol(몰)의 입자 수, 질량, 부피

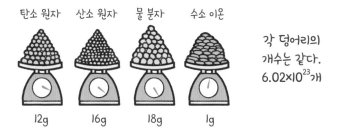

탄소 원자　산소 원자　물 분자　수소 이온

각 덩어리의 개수는 같다. 6.02×10^{23}개

12g　16g　18g　1g

원자량, 분자량, 식량(式量)의 수치에 g을 붙이면 1mol의 질량이 된다.

물질량	1mol
입자 수	6.02×10^{23}개
질량	$\left(\begin{array}{c} 원자량 \\ 분자량 \\ 식량 \end{array} \right)$ g
기체의 부피	22.4L (표준 상태)

정리하면 이렇게 됩니다.

어느 날 사용하지 않게 된 압력 단위

mb   hPa   Pa

단위는 기본적으로 사라지는 일이 없는데, 사용하지 않게 된 단위가 있습니다. 예를 들어 mb(밀리바)라는 단위는 예전에 태풍의 중심 기압을 나타내는 단위로 사용했습니다. 기상학 분야에서는 세계적으로 mb 단위를 사용해서 측정했습니다.

전 세계에서 사용하던 mb라는 단위 대신 한국에서 hPa(헥토파스칼)이라는 단위를 쓴 것은 1993년 1월 1일부터입니다. 세계기상기구(WMO)는 1983년부터 국제도량형총회가 1971년에 정한 국제단위계의 기압 단위인 파스칼과 100배를 뜻하는 헥토(hecto)란 접두사를 붙여 만든 hPa을 mb 대신 사용하라고 권고해왔습니다. 많은 나라가 hPa을 사용하자 한국도 사용단위를 바꾼 것입니다.

일반적으로 단위가 변경되면 환산이 필요하고 혼란을 일으키기 마련입니다. 그러나 mb와 hPa은 값이 같습니다. 환산이 불필요해서 원활하게 이행할 수 있었습니다.

또한 hPa은 조립단위입니다. 그 안에 포함된 Pa(파스칼)이라는 단위는 프랑스의 물리학자이자 많은 칭호를 가진 블레즈 파스칼의 이름에서 유래합니다. '파스칼의 원리'에 대해 들어본 적이 있을 것입니다. 이는 자동차나 오토바이의 유압 브레이크를 비롯해 작은 힘을 증폭하는 장치에 응용하고 있습니다.

🔷 친숙한 압력 단위

$$1mb = 100Pa = 1hPa = 0.1kPa$$
$$1,013hPa ≒ 1기압$$

기상도

자전거 타이어

hPa

kPa

압력솥

기압

다양한 압력의 단위가 있네.

마감이 지난 서류

이 압력을 나타내는 단위는 없습니다.

통화량의 단위

GB B kB MB Mbps MB/s

한국의 스마트폰 사용률은 2019년 기준으로 95%라고 합니다. 확실히 스마트폰을 사용하지 않는 사람을 찾기가 매우 힘든 지경입니다. 스마트폰을 밖에서 이용할 때, 통신사업자에게 회선 이용료를 지불합니다. 이 비용의 기준이 되는 것이 통신량입니다. 일반적으로 GB(기가바이트)라는 단위를 사용합니다.

 G는 국제단위의 접두사(191쪽 참고)이며 B는 byte의 약자로 데이터 통신량 또는 정보량을 나타내는 단위입니다. 한 가지 더, bit(비트)라는 단위도 있습니다. 8bit가 1B입니다. 그리고 1B의 약 1,000배가 1KB, 백만 배가 약 1MB, 10억 배가 약 1GB입니다. 일상적인 대화에서 "이번 달에 통신량이 3기가 넘었어."라고 말할 때가 있는데, 통신량으로서는 아주 큰 숫자입니다.

 "너희 집 회선 속도가 어느 정도 돼?"라는 질문에 "100메가야."라고 대답할 때가 있습니다. 이때 '메가' 자체는 접두사 M를 말하고, 단위를 보충해서 나타내면 100Mbps입니다. 이는 12.5MB/s(메가바이트 매 초)에 상당합니다. 즉 1초 동안 (최대) 12.5MB의 통신이 가능한 회선을 계약해 사용하고 있다는 뜻입니다. 이는 통신량이 아니라 데이터 전송 속도를 나타내는 것입니다.(정확하게는 대역폭)

이런저런 데이터 기록 매체의 용량

플로피디스크

80KB
~1.44MB

MO(광자기)디스크

128MB
~2.3GB

USB메모리

16MB~

SD카드

16MB~

메모리 카드는 2021년 현재
최대 용량 규격이 128TB인데,
앞으로 더 늘어날지도…

참치의 단위?

생선의 손질 상태에 따라 세는 단위가 달라진다

일본은 참치를 참 좋아하는 나라입니다. 전체 생산량의 87%가량을 일본에서 소비할 정도입니다. 그레시인지 참치를 세는 그들민의 독특한 빙법도 있습니다. 손질 상태에 따라 참치를 세는 단위가 달라지는 것입니다. 아래와 같은 단위를 사용합니다.

• 참치를 셀 때 달라지는 단위

살아 있는 단계 = 히키(匹)

물에서 건져 올려져
거래되는 단계 = 혼(本)

머리와 등뼈를 제거하고 절반으로
해체된 상태 = 쵸우(丁)

덩어리로 만든 상태 = 고로(塊)

덩어리를 잘라서
나눈 상태 = 사쿠(柵)

한 입으로
잘라낸 상태 = 기레(切)

초밥에 쓰려는 상태 = 간(貫)

세상을 알아가는 첫걸음, 단위

상상해보세요. 만약 '단위'를 쓰지 않고 하루를 보낸다면 우리 일상은 어떻게 변할까요? 가능한 일이긴 할까요? 과연 가능할지 궁금해서 실제로 도전해봤습니다.

"안녕하세요. 오늘은 비가 올 것 같네요."
"나갈 때 우산 필요할까요?"
"응, 일기예보 봤더니 강수율이 70%래…." (앗, 벌써 썼다.)

"○○씨랑 회의 언제로 잡을까요?"
"일단 지금은 사흘 후가 좋을 것 같아."
"알겠습니다. ○○씨한테도 물어볼게요."

그리고 이튿날.
"모레 15일이 괜찮다고 하는데, 오후 2시부터 어떠세요?" (어? 날짜와 시간도 단위다.)

아무래도 회사에 있으면 단위를 쓰지 않을 수가 없네요. 그렇다면 마음을 가다듬고 휴일에 도전해볼까요? 얼마 전 오랜만에 만난 친구와 점심을 먹었습니다.

"오랜만이야. 잘 지냈어?"

"응, 잘 지냈어. 정말 오랜만에 밖에 나와서 밥 먹는다."

"그래? 아직 아기가 어리지. 안 보는 사이에 많이 컸네. 몇 개월이더라?"

"8개월이야. 진짜 잘 먹어. 벌써 몸무게도 8킬로 정도나 돼."

역시 단위를 사용하지 않고 넘어간 날이 없었습니다. 의식하지 않는 동안에도 결국 여차여차 단위를 쓰게 되었네요. 그렇다면 휴일에 아무도 만나지 않고 집에만 있으면 단위를 쓰지 않고 보낼 수 있을까요? '좋아, 내일은 단위를 쓰지 말고 하루를 보내자.'라고 생각했지만, 눈을 뜬 순간 무심결에 시계를 보고 말았습니다.

속세에서 벗어나 무인도에서 혼자 자급자족하며 생활하지 않는 이상 단위 없이 살기란 불가능할 것 같습니다. '단위'는 정말 안 쓰이는 곳이 없습니다. 세상을 파악하려면 측정을 해야 하고, 측정을 하려면 단위를 사용해야 합니다. 단위를 아는 일이란 세상을 알아가는 일의 시작이라고도 할 수 있을 정도입니다.

이 책에서는 단위란 무엇인지, 기본 정의를 알아보고 길이와 넓이 같은 친숙한 단위부터 과학과 수학에 쓰이는 여러 전문 단위까지 폭넓게 알아보았습니다. 평소 숫자에 약하다고 생각한 누구라도 이 책을 활용한다면, 여러 단위의 정의와 쓰임새를 쉽고 빠르게 알 수 있을 것입니다. 책에서도 여러 차례 밀했지만, 단위는 수학과 과학에서 쓰일 뿐만 아니라 일상생활에서도 기본이 됩니다. 우리가 단위에 관심을 두고 반드시 알아야 하는 이유입니다.

특정 단위를 몰라서 물건의 길이와 넓이, 개수를 올바르게 파악하지 못하면 우리 생활은 엉망진창이 될 것입니다. 이런 실수는 큰 사고로 이어지기도 합니다. 1999년에 발생한 화성 기후 탐사선 폭발 사고도 야드와 미터를 혼용한 나사(NASA) 제트추진 연구소(JPL)와 록히드 마틴사의 실수 탓이었습니다.

책을 집필하면서 재미있고 흥미로운 단위의 세계를 엿볼 수 있어서 정말 즐거웠습니다. 이런 기회를 주신 분들께 감사의 말씀을 드립니다. 또한 이 책을 읽는 많은 분이 저처럼 단위라는 세계를 알아가는 즐거움을 누릴 수 있다면 좋겠습니다.

부록

국제단위계(SI)의 예

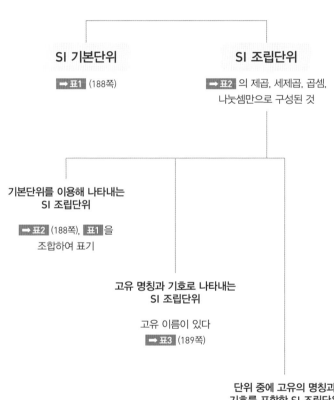

SI 기본단위
→ 표1 (188쪽)

SI 조립단위
→ 표2 의 제곱, 세제곱, 곱셈,
나눗셈만으로 구성된 것

기본단위를 이용해 나타내는
SI 조립단위
→ 표2 (188쪽), 표1 을
조합하여 표기

고유 명칭과 기호로 나타내는
SI 조립단위
고유 이름이 있다
→ 표3 (189쪽)

단위 중에 고유의 명칭과
기호를 포함한 SI 조립단위
→ 표1 과 표3 을 조합해 표기
→ 표4 (190쪽)

표1 SI 기본단위

양	기호	명칭	참고 쪽수
길이	m	미터	24, 46, 60
질량	kg	킬로그램	24, 64
시간	s	초	24, 61, 100
전류	A	암페어	24, 160
열역학 온도	K	켈빈	24, 132
물질량	mol	몰	24, 176
광도	cd	칸델라	24, 138

표2 기본 단위를 이용해 나타내는 SI 조립단위의 예

양	기호	명칭	참고 쪽수
넓이	m^2	제곱미터	24, 80, 82
부피	m^3	세제곱미터	19, 24
빠르기, 속도	m/s	미터 매 초	118
가속도	m/s^2	미터 매 초 매 초	154
파수	m^{-1}	역 미터	-
밀도, 질량 밀도	kg/m^3	킬로그램 매 세제곱미터	-
면밀도	kg/m^2	킬로그램 매 제곱미터	-
비(比)부피	m^3/kg	세제곱미터 매 킬로그램	-
전류밀도	A/m^2	암페어 매 제곱미터	-
자기장의 세기	A/m	암페어 매 미터	-
물질 농도, 농도	mol/m^3	몰 매 세제곱미터	-
질량 농도	kg/m^3	킬로그램 매 세제곱미터	-
휘도	cd/m^2	칸델라 매 제곱미터	144

▶ 표3 고유 명칭과 기호로 나타내는 SI 조립단위의 예

양	기호	명칭	다른 SI 단위에 따른 표기	SI 기본단위에 따른 표기	참고 쪽수
평면각	rad	라디안	-	m/m	92
입체각	sr	스테라디안	-	m^2/m^2	92
진동수	Hz	헤르츠	-	s^{-1}	128
힘	N	뉴턴	-	$m\ kg\ s^{-2}$	26, 112, 154
압력, 응력	Pa	파스칼	N/m^2	$m^{-1}\ kg\ s^{-2}$	178
에너지, 일, 열량	J	줄	$N\ m$	$m^2\ kg\ s^{-2}$	108
일률, 공률, 방사속	W	와트	J/s	$m^2\ kg\ s^{-3}$	108, 160
전하, 전기량	C	쿨롱	-	$s\ A$	160
전위차(전압), 기전력	V	볼트	W/A	$m^2\ kg\ s^{-3}\ A^{-1}$	160
정전용량	F	패럿	C/V	$m^{-2}\ kg^{-1}\ s^4\ A^2$	—
전기저항	Ω	옴	V/A	$m^2\ kg\ s^{-3}\ A^{-2}$	26, 160
전기전도도	S	지멘스	A/V	$m^{-2}\ kg^{-1}\ s^3\ A^2$	—
자기력선속	Wb	웨버	Vs	$m^2\ kg\ s^{-2}\ A^{-1}$	—
자기력선속밀도	T	테슬라	Wb/m^2	$kg\ s^{-2}\ A^{-1}$	—
인덕턴스	H	헨리	Wb/A	$m^2\ kg\ s^{-2}\ A^{-2}$	—
섭씨온도	℃	섭씨도	K	-	134
광선속	lm	루멘	$cd\ sr$	cd	142
조명도	lx	럭스	lm/m^2	$m^{-2}\ cd$	140
방사성핵종의 방사능	Bq	베크렐	-	s^{-1}	156
흡수선량, 비부여에너지, 커마	Gy	그레이	J/kg	$m^2\ s^{-2}$	168
선량당량, 주변 선량당량, 방향성 선량당량, 개인 선량당량	Sv	시버트	J/kg	$m^2\ s^{-2}$	158, 168
효소활성	Kat	캐탈	-	$s^{-1}\ mol$	—

▶ 표4 단위 중에 고유 명칭과 기호를 포함한 SI 조립단위의 예

양	기호	명칭	SI 기본단위에 따른 표기	참고 쪽수
점도	Pa s	파스칼 초	m^{-1} kg s^{-1}	-
힘의 모멘트	N m	뉴턴미터	m^2 kg s^{-2}	24, 112
표면장력	N/m	뉴턴 매 미터	kg s^{-2}	-
각속도	rad/s	라디안 매 초	m m^{-1} s^{-1}=s^{-1}	-
가가속도	rad/s^2	라디안 매 초 매 초	m m^{-1} s^{-2}=s^{-2}	-
열류밀도, 방사조도	W/m^2	와트 매 제곱미터	kg s^{-3}	-
열용량, 엔트로피	J/K	줄 매 켈빈	m^2 kg s^{-2} K^{-1}	-
비열용량, 비엔트로피	J/(kg K)	줄 매 킬로그램 매 켈빈	m^2 s^{-2} K^{-1}	-
비에너지	J/kg	줄 매 킬로그램	m^2 s^{-2}	168
열전도율	W/(m K)	와트 매 미터 매 켈빈	m kg s^{-3} K^{-1}	-
부피에너지	J/m^3	줄 매 세제곱미터	m^{-1} kg s^{-2}	-
전계의 세기	V/m	볼트 매 미터	m kg s^{-3} A^{-1}	-
전하밀도	C/m^3	쿨롱 매 세제곱미터	m^{-3} s A	-
표면전하	C/m^2	쿨롱 매 제곱미터	m^{-2} s A	-
전속밀도, 전기 변위	C/m^2	쿨롱 매 제곱미터	m^{-2} s A	-
유전율	F/m	패럿 매 미터	m^{-3} kg^{-1} s^4 A^2	-
투자율	H/m	헨리 매 미터	m kg s^{-2} A^{-2}	-
몰에너지	J/mol	줄 매 몰	m^2 kg s^{-2} mol^{-1}	-
몰엔트로피, 몰열용량	J/(mol K)	줄 매 몰 매 켈빈	m^2 kg s^{-2} K^{-1} mol^{-1}	-
조사선량 (X선 및 γ선)	C/kg	쿨롱 매 킬로그램	kg^{-1} s A	158
흡수선량율	Gy/s	그레이 매 초	m^2 s^{-3}	-
방사강도	W/sr	와트 매 스테라디안	m^4 m^{-2} kg s^{-3}=m^2 kg s^{-3}	-
방사휘도	W/(m^2sr)	와트 매 제곱미터 매 스테라디안	m^2 m^{-2} kg s^{-3}=kg s^{-3}	-
효소활성농도	Kat/m^3	캐탈 매 세제곱미터	m^{-3} s^{-1} mol	—

단위를 편리하게 만드는 접두사

이 책 곳곳에는 접두사가 등장합니다. 국제단위계에는 기본단위에 접두사를 붙여서 값의 크고 작음을 나타낼 수 있습니다. 국제단위계의 접두사 및 기호와 뜻을 표로 정리했습니다.

▶ 국제단위계의 접두사

접두사	기호	10^n	십진수 표기
yotta(요타)	Y	10^{24}	1,000,000,000,000,000,000,000,000
zetta(제타)	Z	10^{21}	1,000,000,000,000,000,000,000
exa(엑사)	E	10^{18}	1,000,000,000,000,000,000
peta(페타)	P	10^{15}	1,000,000,000,000,000
tera(테라)	T	10^{12}	1,000,000,000,000
giga(기가)	G	10^9	1,000,000,000
mega(메가)	M	10^6	1,000,000
kilo(킬로)	k	10^3	1,000
hecto(헥토)	h	10^2	100
deca/deka(데카)	da	10^1	10
		10^0	1
deci(데시)	d	10^{-1}	0.1
centi(센티)	c	10^{-2}	0.01
milli(밀리)	m	10^{-3}	0.001
micro(마이크로)	μ	10^{-6}	0.000 001
nano(나노)	n	10^{-9}	0.000 000 001
pico(피코)	p	10^{-12}	0.000 000 000 001
femto(펨토)	f	10^{-15}	0.000 000 000 000 001
atto(아토)	a	10^{-18}	0.000 000 000 000 000 001
zepto(젭토)	z	10^{-21}	0.000 000 000 000 000 000 001
yocto(욕토)	y	10^{-24}	0.000 000 000 000 000 000 000 001

《국제단위계(SI) 국제문서제8판》, 독립행정법인 산업기술종합연구소 계량표준종
　　합센터 역감수, 2006년

《도코톤 쉬운 단위의 책》, 야마카오 마사미츠 지음, 일간공업신문사, 2002년

《딘위 171의 신지식》, 호시타 나오히코 지음, 강담사, 2005년

《빨리 아는 단위의 구조》, 호시다 나오히코 지음, 히로분사, 2003년

《도해 입문 잘 이해되는 최신 단위의 기본과 구조》, 유키오 사무카와 요미 지음, 히
　　데카즈 시스템, 2004년

《도해 잡학 단위의 구조》, 타카다 세이지 지음, 나츠메사, 1999년

《단위의 소사전》, 다카키 히토시로 지음, 암파서점, 1985년

《단위의 기원 사전》, 고이즈미 가자카츠 지음, 도쿄서점, 1982년

《속 단위의 지금과 옛날》, 고이즈미 가자카츠 지음, 일본규격협회, 1992년

《가까운 단위를 알 수 있는 그림 사전》, 무라코시 마사노리 지음, PHP연구소, 2002년

《세는 법 사전》, 이이다 아사코 지음, 마치타 겐 감수, 쇼가쿠칸, 2004년

《X선실 방호 Q&A》, 사단법인 일본화상의료시스템공업회, 2001년

옮긴이 김소영

어릴 적부터 독서를 좋아하던 옮긴이는 일본에서 일하던 중, 다른 나라 언어로 쓰인 책의 재미를 우리나라 독자에게 전달하고자 하는 마음으로 번역을 시작했다. 저자의 색깔이 녹아든 번역을 추구한다. 현재는 엔터스코리아에서 출판 기획 및 일본어 전문 번역가로 활동 중이다. 옮긴 책으로는《컨디션만 관리했을 뿐인데》《심리학 용어 도감》《재밌어서 밤새 읽는 유전자 이야기》《슬기로운 수학 생활》등이 있다.

읽자마자 수학 과학에 써먹는 단위 기호 사전

1판 1쇄 펴낸 날 2021년 4월 15일
1판 2쇄 펴낸 날 2021년 12월 10일

지은이 이토 유키오, 산가와 하루미
일러스트 다카무라 카이
옮긴이 김소영

펴낸이 박윤태
펴낸곳 보누스
등   록 2001년 8월 17일 제313-2002-179호
주   소 서울시 마포구 동교로12안길 31 보누스 4층
전   화 02-333-3114
팩   스 02-3143-3254
이메일 bonus@bonusbook.co.kr

ISBN 978-89-6494-492-9 03400

• 책값은 뒤표지에 있습니다.

지적생활자를 위한 교과서 시리즈 | 지식은 현장에 있다

기상 예측 교과서
후루카와 다케히코 외 지음
272면 | 15,800원

다리 구조 교과서
시오이 유키타케 지음 | 240면 | 13,800원

로드바이크 진화론
나카자와 다카시 지음 | 232면 | 15,800원

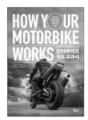

모터바이크 구조 교과서
이치카와 가쓰히코 지음 | 216면 | 13,800원

비행기 구조 교과서
나카무라 간지 지음 | 232면 | 13,800원

비행기 엔진 교과서
나카무라 간지 지음 | 232면 | 13,800원

비행기 역학 교과서
고바야시 아키오 지음 | 256면 | 14,800원

비행기 조종 교과서
나카무라 간지 지음 | 232면 | 13,800원

비행기, 하마터면 그냥 탈 뻔했어
아라완 위파 지음 | 256면 | 13,000원

선박 구조 교과서
이케다 요시호 지음 | 224면 | 14,800원

악기 구조 교과서
야나기다 마스조 외 지음
228면 | 15,800원

홈 레코딩 마스터 교과서
김현부 지음 | 450면 | 32,000원

뇌·신경 구조 교과서

노가미 하루오 지음 | 200면 | 17,800원

뼈·관절 구조 교과서

마쓰무라 다카히로 지음 | 204면 | 17,800원

인체 구조 교과서

다케우치 슈지 지음 | 200면 | 15,000원

혈관·내장 구조 교과서

노가미 하루오 외 지음 | 220면 | 17,800원

인체 면역학 교과서

스즈키 류지 지음 | 248면 | 17,800원

자동차 구조 교과서

아오야마 모토오 지음 | 224면 | 13,800원

자동차 세차 교과서

성미당출판 지음 | 150면 | 12,800원

자동차 에코기술 교과서

다카네 히데유키 지음 | 200면 | 13,800원

자동차 정비 교과서

와키모리 히로시 지음 | 216면 | 13,800원

자동차 첨단기술 교과서

다카네 히데유키 지음 | 208면 | 13,800원

전기차 첨단기술 교과서

톰 덴튼 지음 | 384면 | 23,000원

총의 과학

가노 요시노리 지음 | 236면 | 16,800원